百年大计 教育为本

建筑施工组织与管理

主　编　嵇德兰

副主编　王艳飞　王毅芳

参　编　沈　昊　王元元　开　璇
　　　　戴　霞　张晓红

主　审　董　云

北京理工大学出版社
BEIJING INSTITUTE OF TECHNOLOGY PRESS

内 容 提 要

本书全面系统地阐述了建筑施工组织与管理的理论、方法和案例，注重培养学生的创新思维和动手能力。本书在内容的编排上，以培养综合素质为基础，以提高职业技能为本位，重点突出综合性和实践性。全书共分为8个项目，主要内容包括绪论、施工组织原理、建筑施工组织设计、建设工程项目准备工作、建筑工程质量管理、建筑工程安全管理、建筑工程成本管理、建筑工程资料管理等。

本书内容简明扼要、知识点实用，可作为高职高专院校建筑工程技术等相关专业的教材，也可作为相关人员的岗位培训教材或工程技术人员和工程管理人员学习管理知识、进行施工组织管理工作的参考书。

图书在版编目（CIP）数据

建筑施工组织与管理 / 嵇德兰主编.—北京：北京理工大学出版社，2022.8重印
ISBN 978-7-5682-5806-7

Ⅰ.①建…　Ⅱ.①嵇…　Ⅲ.①建筑工程—施工组织—高等学校—教材 ②建筑工程—施工管理—高等学校—教材　Ⅳ.①TU7

中国版本图书馆CIP数据核字（2018）第139556号

出版发行 / 北京理工大学出版社有限责任公司

社　　址 / 北京市海淀区中关村南大街5号

邮　　编 / 100081

电　　话 /　（010）68914775（总编室）
　　　　　　（010）82562903（教材售后服务热线）
　　　　　　（010）68944723（其他图书服务热线）

网　　址 / http://www.bitpress.com.cn

经　　销 / 全国各地新华书店

印　　刷 / 河北鑫彩博图印刷有限公司

开　　本 / 787毫米×1092毫米　1/16

印　　张 / 12.5

字　　数 / 285千字

版　　次 / 2022年8月第1版第4次印刷

定　　价 / 45.00元

责任编辑 / 赵　岩
文案编辑 / 赵　岩
责任校对 / 周瑞红
责任印制 / 边心超

出版说明

　　江苏联合职业技术学院成立以来，坚持以服务经济社会发展为宗旨、以促进就业为导向的职业教育办学方针，紧紧围绕江苏经济社会发展对高素质技术技能型人才的迫切需要，充分发挥"小学院、大学校"办学管理体制创新优势，依托学院教学指导委员会和专业协作委员会，积极推进校企合作、产教融合，积极探索五年制高职教育教学规律和高素质技术技能型人才成长规律，培养了一大批能够适应地方经济社会发展需要的高素质技术技能型人才，形成了颇具江苏特色的五年制高职教育人才培养模式，实现了五年制高职教育规模、结构、质量和效益的协调发展，为构建江苏现代职业教育体系、推进职业教育现代化做出了重要贡献。

　　面对新时代中国特色社会主义建设的宏伟蓝图，我国社会的主要矛盾已经转化为人们日益增长的美好生活需要与发展不平衡、不充分之间的矛盾，这就需要我们有更高水平、更高质量、更高效益的发展，实现更加平衡、更加充分的发展，这样才能全面建成社会主义现代化强国。五年制高职教育的发展必须服从服务于国家发展战略，以不断满足人们对美好的生活需要为追求目标，全面贯彻党的教育方针，全面深化教育改革，全面实施素质教育，全面落实立德树人的根本任务，充分发挥五年制高职贯通培养的学制优势，建立和完善五年制高职教育课程体系，健全德能并修、工学结合的育人机制，着力培养学生的工匠精神、职业道德、职业技能和就业创业能力，创新教育教学方法和人才培养模式，完善人才培养质量监控评价制度，不断提升人才培养质量和水平，努力办好令人民满意的五年制高职教育，为全面建成小康社会，实现中华民族伟大复兴的中国梦贡献力量。

　　教材建设是人才培养工作的重要载体，也是深化教育教学改革、提高教学质量的重要基础。目前，五年制高职教育教材建设规划性不足、系统性不强、特色不明显等问题一直制约着内涵发展、创新发展和特色发展的空间。为切实加强学院教材建设与规范管理，不断提高学院教材建设与使用的专业化、规范化和科学化水平，学院成立了教材建设与管理工作领导小组和教材审定委员会，统筹领导、科学规划学院教材建设与管理工作。制订了《江苏联合职业技术学院教材建设与使用管理办法》和《关于院本教材开发若干问题的意见》，完善了教材建设与管理的规章制度；每年滚动修订《五年制高等职业教育教材征订目录》，统一组织五年制高职教育教材的征订、采购和配送；编制了学院"十三五"院本教材建设规划，组织18个专业和公共基础课程协作委员会推进院本教材开发，建立了一支院本教材开发、编写、审定队伍；创建了江苏五年制高职教育教材研发基地，与江苏凤凰职业教育图书有限公司、苏州大学出版社、北京理工大学出版社、南京大学出版社、上海交通大学出版社等签订了战略合作协议，协同开发独具五年制高职教育特色的院本教材。

今后一个时期，学院在推动教材建设和规范管理工作的基础上，紧密结合五年制高职教育发展的新形势，主动适应江苏地方社会经济发展和五年制高职教育改革创新的需要，以学院18个专业协作委员会和公共基础课程协作委员会为开发团队，以江苏五年制高职教育教材研发基地为开发平台，组织具有先进教学思想和学术造诣较高的骨干教师，依照学院院本教材建设规划，重点编写出版约600本有特色、能体现五年制高职教育教学改革成果的院本教材，努力形成具有江苏五年制高职教育特色的院本教材体系。同时，加强教材建设质量管理，树立精品意识，制订五年制高职教育教材评价标准，建立教材质量评价指标体系，开展教材评价评估工作，设立教材质量档案，加强教材质量跟踪，确保院本教材的先进性、科学性、人文性、适用性和特色性建设。学院教材审定委员会组织各专业协作委员会做好对各专业课程（含技能课程、实训课程、专业选修课程等）教材出版前的审定工作。

本套院本教材较好地吸收了江苏五年制高职教育的最新理论和实践研究成果，符合五年制高职教育人才培养目标的定位要求。教材内容深入浅出，难易适中，突出"五年贯通培养、系统设计"，重视启发学生思维和培养学生运用知识的能力。教材条理清楚、层次分明、结构严谨、图表美观、文字规范，是一套专门针对五年制高职教育人才培养的教材。

学院教材建设与管理工作领导小组

学院教材审定委员会

2017年11月

序 言

　　为贯彻落实《国家中长期教育改革和发展规划纲要(2010—2020年)》，充分发挥教材建设在提高人才培养质量中的基础性作用，促进现代职业教育体系建设，全面提高五年制高等职业教育教学质量，保证高质量教材进课堂，江苏联合职业技术学院建筑专业协作委员会对建筑类专业教材进行统一规划并组织编写。

　　本套院本系列教材是在总结五年制高等职业教育经验的基础上，根据课程标准、最新国家标准和有关规范编写，并经过学院教材审定委员会审定通过的。新教材紧紧围绕五年制高等职业教育的培养目标，密切关注建筑业科技发展与进步，遵循教育教学规律，从满足经济社会发展对高素质劳动者和技术技能型人才的需求出发，在课程结构、教学内容、教学方法等方面进行了新的探索和改革创新；同时，突出理论与实践的结合，知识技能的拓展与应用迁移相对接，体现高职建筑专业教育特色。

　　本套教材可作为建筑类专业教材，也可作为建筑工程技术人员自学和参考用书。希望各分院积极推广和选用院本规划教材，并在使用过程中，注意总结经验，及时提出修改意见和建议，使之不断完善和提高。

江苏联合职业技术学院建筑专业协作委员会

2017年12月

前 言

"建筑施工组织与管理"是建筑工程技术专业继"建筑力学""建筑制图""建筑施工技术"等一系列课程之后，研究工程建设中统筹规划与系统管理的课程，也是建筑施工现场管理者的一门必修的主要专业课程。为了适应建筑业改革与发展的形式，满足教学和实际工作的需要，编者在总结多年教学与实践经验的基础上，按照建筑施工组织与管理教学大纲和施工管理实际工作的要求，全面提高建筑企业专业管理人员的业务素质，面向21世纪培养具有综合职业能力和全面素质的直接从事生产、技术、管理的一线应用型、技能型实用人才，编写了本书。

本书在施工组织设计实例中选取了实用性强的案例，在课后练习中加入了实训练习题，这样有利于学生动手操作，更加注重学生的知识运用练习。

在编写过程中，考虑到本门课程实践性强和适用性广，力求做到：教材内容简明、讲述问题条理清晰、语言通俗易懂，操作性强，实用性强；既注意基础知识的阐述，也注重实际能力的培养。为了便于学习，除绪论外，每个任务前均有教学提示和教学要求，每个任务后还有任务小结及复习思考题。

本书由江苏省淮阴商业学校嵇德兰担任主编，由江苏省无锡汽车工程中等专业学校王艳飞、苏州建设交通高等职业技术学校王毅芳担任副主编，江苏省淮阴商业学校沈昊、王元元，江苏省南京工程高等职业学校开璇，江苏省海安中等专业学校戴霞，苏州建设交通高等职业技术学校张晓红参与了本书部分章节的编写工作。全书由淮阴工学院董云主审，并提出了很多宝贵意见和建议。同时，在本书的编写过程中参考了一些作者的教材和资料，在此对他们致以衷心感谢！

由于编者水平有限，书中难免有不妥之处，恳请读者批评指正。

编 者

目录

项目 1　绪论

任务 1.1　建筑施工组织研究的对象和任务

随着社会的经济发展和建筑技术的进步，现代建筑产品的施工生产已成为一项多人员、多工种、多专业、多设备、高技术、现代化的综合而复杂的系统工程。要提高工程质量，缩短施工工期，降低工程成本，实现安全文明施工，就必须应用科学的方法进行施工管理，统筹施工全过程。

建筑施工组织就是针对建筑工程施工的复杂性，研究工程建设的统筹安排与系统管理的客观规律，制订建筑工程施工最合理的组织与管理方法的一门科学。它是推动企业技术进步，加强现代化施工管理的核心。

一个建筑物或建筑物的施工是一项特殊的生产活动，尤其是现代化的建筑物和构筑物，无论规模上还是功能上都在不断发展，它们有的高耸入云，有的跨度大，有的深入地下、水下，有的体型庞大，有的管线纵横，这就给施工带来许多更为复杂和困难的问题。解决施工中的各种问题，通常都有若干个可行的施工方案供施工人员选择。但是不同的方案，其经济效果一般也是各不相同的。如何根据拟建工程的性质和规模、施工季节的环境、工期的长短、工人的素质和数量、机械装备程度、材料供应情况、构件生产方式、运输条件等各种技术经济条件，从经济和技术的全局出发，从许多可行的方案中选定最优的方案，这是施工人员在开始施工之前必须解决的问题。

施工组织的任务是：在党和政府有关建筑施工的方针、政策指导下，从施工的全局出发，根据具体的条件，以最优的方式解决上述施工组织的问题，对施工的各项活动作出全面、科学的规划和部署，使人力、物力、财力、技术资源得以充分利用，从而优质、低耗、高速地完成施工任务。

任务 1.2　建设项目的建设程序

■ 1.2.1　建设项目及组成

1. 项目

项目是指在一定的约束条件(如限定时间、限定费用及限定质量标准等)下，具有特定的明确目标和完整的组织结构的一次性任务或管理对象。根据这一定义，可以归纳出项目所具有的三个主要特征，即项目的一次性(单件性)、目标的明确性和项目的整体性。只有同时具备这三个特征的任务才能称为项目。而那些大批量的、重复进行的、目标不明确的、局部性的任务，不能称为项目。

项目的种类应当以其最终成果或专业特征为标志进行划分。按照专业特征划分，项目主要包括科学研究项目、工程项目、航天项目、维修项目、咨询项目等，还可以根据需要对每一类项目进一步进行分类。对项目进行分类的目的是为了有针对性地进行管理，以提高完成任务的效果、水平。

工程项目是项目中数量最大的一类，既可以按照专业将其分为建筑工程、公路工程、水电工程、港口工程、铁路工程等项目，也可以按管理的差别将其划分为建设项目、设计项目、工程咨询项目和施工项目等。

2. 建设项目

建设项目是固定资产投资项目，是作为建设单位的被管理对象的一次性建设任务，是投资经济科学的一个基本范畴。固定资产投资项目又包括基本建设项目(新建、扩建等扩大生产能力的项目)和技术改造项目(以改进技术、增加产品品种、提高产品质量、治理"三废"、劳动安全、节约资源为主要目的的项目)。

建设项目在一定的约束条件下，以形成固定资产为特定目标。约束条件包括：一是时间约束，即一个建设项目有合理的建设工期目标；二是资源约束，即一个建设项目有一定的投资总量目标；三是质量约束，即一个建设项目有预期的生产能力、技术水平或使用效益目标。

建设项目的管理主体是建设单位，项目是建设单位实现目标的一种手段。在国外，投资主体、业主和建设单位一般是三位一体的，建设目标就是投资者的目标；而在我国，投资主体、业主和建设单位三者有时是分离的，从而给建设项目的管理带来一定的困难。

3. 施工项目

施工项目是施工企业自施工投标开始到保修期满为止的全过程中完成的项目，是作为施工企业的被管理对象的一次性施工任务。

施工项目的管理主体是施工承包企业。施工项目的范围是由工程承包合同界定的，可能是建设项目的全部施工任务，也可能是建设项目中的一个单项工程或单位工程的施工任务。

4. 建设项目的组成

按照建设项目分解管理的需要，可将建设项目分解为单项工程、单位工程（子单位工程）、分部工程（子分部工程）、分项工程和检验批，如图1-1所示。

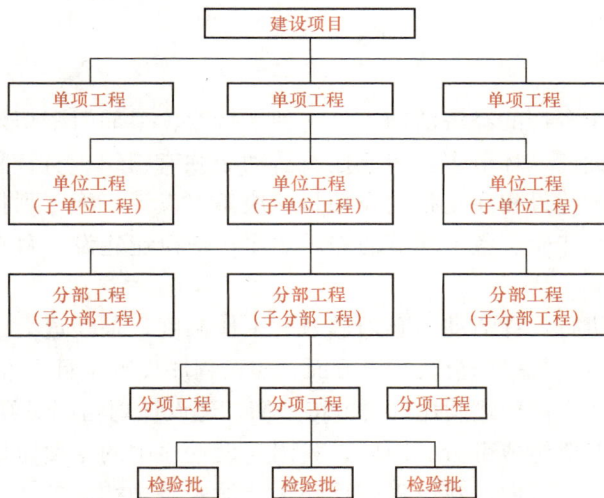

图1-1　建设项目的分解

（1）单项工程（也称工程项目）。凡是具有独立的设计文件，竣工后可以独立发挥生产能力或效益的一组工程项目，称为一个单项工程。一个建设项目，可由一个单项工程组成，也可以由若干个单项工程组成。单项工程体现了建设项目的主要建设内容，其施工条件往往具有相对的独立性。

（2）单位（子单位）工程。具备独立施工条件（具有独立设计文件，可以独立组织施工），并能形成独立使用功能的建筑物及构筑物为一个单位工程。单位工程是单项工程的组成部分，一个单项工程一般都由若干个单位工程所组成。

一般情况下，单位工程是一个单位的建筑物或构筑物；建筑规模较大的单位工程，可将其形成独立使用功能的部分作为一个子单位工程。

(3)分部(子分部)工程。组成单位工程的若干个分部称为分部工程。分部工程的划分应按专业性质、建筑部位确定。例如，一幢房屋的建筑工程，可以划分为土建工程和安装工程分部，而土建工程分部又可划分为地基和基础、主体结构、建筑装饰装修和建筑屋面等分部工程。

当分部工程较大或较复杂时，可按材料种类、施工特点、施工程序、专业系统及类别等划分为若干子分部工程。如主体结构分部工程可划分为混凝土结构、劲钢(管)混凝土结构、砌体结构、钢结构、木结构及网架和索膜结构等子分部工程。

(4)分项工程。组成分部工程的若干个施工过程称为分项工程。分项工程应按主要工种、材料、施工工艺、设备类别等进行划分。如主体混凝土结构可以划分为模板、钢筋、混凝土、预应力、现浇结构、装配式结构等分项工程。

(5)检验批。按现行《建筑工程施工质量验收统一标准》(GB 50300—2013)的规定，建筑工程质量验收时，可将分项工程进一步划分为检验批。检验批是指按统一的生产条件或按规定的方式汇总起来供检验用的，由一定数量样本组成的检验体。一个分项工程可由一个或若干个检验批组成，检验批可根据施工及质量控制和专业验收的需要按楼层、施工段、变形缝等进行划分。

■ 1.2.2 建设程序

把投资转化为固定资产的经济活动，是一种多行业、多部门密切配合的综合性比较强的经济活动，它涉及面广，环节多。因此建设活动必须有组织、有计划地按顺序进行，这个顺序就是建设程序。建设程序是指建设项目从决策、设计、施工到投产交付使用的全过程中，各个阶段、各个步骤、各个环节的先后顺序，是拟建建设项目在整个建设过程中必须遵循的客观规律。

建设程序是人们进行设计活动中必须遵守的工作制度，是经过大量实践工作所总结出来的工程建设过程的客观规律的反映。一方面，建设程序反映了社会经济规律的制约关系。在国民经济体系中，各个部门之间比例要保持平衡，建设计划与国民经济计划要协调一致，成为国民经济计划的有机组成部分。因此，我国建设程序中的主要阶段和环节，都与国民经济计划密切相连。另一方面，建设程序反映了建设经济规律的要求。例如，在提出生产性建设项目建议书后，必须对建设项目进行可行性研究，从建设的必要性和可行性、技术的可行性和合理性、投资后正常生产条件等方面作出全面、综合的论证。

建设项目按照建设程序进行建设是社会经济规律的要求，是建设项目技术经济规律的要求，也是建设项目的复杂性决定的。根据几十年建设的实践，我国已经形成了一套科学的建设程序。我国的建设程序可划分为项目建议书、可行性研究、勘察设计、施工准备(包括招标投标)、建设实施、生产准备、竣工验收、后评价八个阶段。这八个阶段基本上反映了建设工作的全过程。这八个阶段还可以进一步概括为项目决策、建设准备、工程实施三大阶段。

1. 项目决策阶段

项目决策阶段以可行性研究为工作中心，还包括调查研究，提出设想，确定建设地点，编制可行性研究报告等内容。

（1）项目建议书。项目建议书是建设单位向主管部门提出的要求建设某一项目的建议性文件，是对拟建项目的轮廓设想，是从拟建项目的必要性及大方面的可能性加以考虑的。

项目建议书经批准后，才能进行可行性研究，也就是说，项目建议书并不是项目的最终决策，而仅仅是为编制可行性研究提供依据和基础。

项目建议书的内容一般包括以下五个方面：

1）建设项目提出的必要性和依据；

2）拟建工程规模和建设地点的初步设想；

3）资源情况、建设条件、协作关系等的初步分析；

4）投资估算和资金筹措的初步设想；

5）经济效益和社会效益的估计。

项目建议书要求编制完成后，报送有关部门审批。

（2）可行性研究。项目建议书经批准后，应紧接着进行可行性研究工作。可行性研究是项目决策的核心，是对建设项目在技术上、工程上和经济上是否可行，进行全面的科学分析论证工作，是技术经济的深入论证阶段，为项目决策提供可靠的技术经济依据。其主要内容包括：

1）建设项目提出的背景、必要性、经济意义和依据；

2）拟建项目规模、产品方案、市场预测；

3）技术工艺、主要设备、建设标准；

4）资源、材料、燃料供应和运输及水、电条件；

5）建设地点、场地布置及项目设计方案；

6）环境保护、防洪、防震等要求与相应措施；

7）劳动定员及培训；

8）建设工期和进度建议；

9）投资估算和资金筹措方式；

10）经济效益和社会效益分析。

可行性研究的主要任务是对多种方案进行分析、比较，提出科学的评价意见，推荐最佳方案。在可行性研究的基础上，编制可行性研究报告。

我国对可行性研究报告的审批权限作出明确规定，必须按规定将编制好的可行性研究报告送交有关部门审批。

经批准的可行性研究报告是初步设计的依据，不得随意修改和变更。如果在建设规模、产品方案等主要内容上需要修改或突破投资控制数时，应经原批准单位复审同意。

2. 建设准备阶段

建设准备阶段主要是根据批准的可行性研究报告，成立项目法人，进行工程地质勘察、初步设计和施工图设计，编制设计概算，安排年度建设计划及投资计划，进行工程发包，准备设备、材料，做好施工准备等工作，这个阶段的工作中心是勘察设计。

（1）勘察设计。设计文件是安排建设项目和进行建筑施工的主要依据。设计文件一般由建设单位通过招标投标或直接委托有相应资质的设计单位进行设计。编制设计文件是一项复杂的工作，设计之前和设计之中都要进行大量的调查和勘测工作，在此基础之上，根据批准的可行性研究报告，将建设项目的要求逐步具体化，成为指导施工的工程图纸及其说明书。

设计是分阶段进行的。一般项目进行两阶段设计，即初步设计和施工图设计。技术上比较复杂和缺少设计经验的项目采用三阶段设计，即在初步设计阶段后增加技术设计阶段。

1)初步设计。初步设计是对批准的可行性研究报告所提出的内容进行概略的设计，做出设计的实施方案(大型、复杂的项目，还需绘制建筑透视图或制作建设模型)，进一步论证该建设项目在技术上的可行性和经济上的合理性，解决工程建设中重要的技术和经济问题，并通过对工程项目所作出的基本技术经济规定，编制项目总概算。

初步设计由建设单位组织审批，初步设计经审批后，不得随意改变建设规模、建设地址、主要工艺过程、主要设备和总投资等控制指标。

2)技术设计。技术设计是在初步设计的基础上，根据更详细的调查研究资料，进一步确定建筑、结构、工艺、设备等的技术要求，以使建设项目的设计更具体、更完善，技术经济指标达到最优。

3)施工图设计。施工图设计是在前一阶段的设计基础上将建议项目进一步形象化、具体化、明确化，完成建筑、结构、水、电、气、工业管道以及场内道路等全部施工图纸、设计说明书、结构计算书以及施工图预算等。在工艺方面，应具体确定各种设备的型号、规格及各种非标准设备的制作、加工和安装图。

(2)施工准备。施工准备工作在可行性研究报告批准后就可着手进行。其主要工作内容包括：

1)征地、拆迁和场地平整；

2)工程地质勘察；

3)完成施工用水、电、通信及道路等准备工作；

4)收集设计基础资料，组织设计文件的编审；

5)组织设备和材料订货；

6)组织施工招标投标，择优选定施工单位。

(3)办理开工报建手续。施工准备工作基本完成，具备了工程开工条件之后，由建设单位向有关部门交出开工报告。有关部门对工程建设资金的来源、资金是否到位以及施工图出图情况进行审查，符合要求后批准开工。

做好建设项目的准备工作，对于提高工程质量，降低工程成本，加快施工进度，都有着重要的保证作用。

3. 工程实施阶段

工程实施阶段是项目决策的实施、建成投产发挥投资效益的关键环节。该阶段是在建设程序中时间最长、工作量最大、资源消耗最多的阶段。这个阶段的工作中心是根据设计图纸进行建筑安装施工，还包括做好生产或使用准备、试车运行、进行竣工验收、交付生产或使用等内容。

(1)建设实施。建设实施即建设施工，是将计划和施工图变为实物的过程，是建设程序中的一个重要环节。要做到计划、设计、施工三个环节互相衔接，投资、工程内容、施工图纸、设备材料、施工力量五个方面的落实，以保证建设计划的全面完成。

施工前要认真做好图纸的会审工作，编制施工图预算和施工组织设计，明确投资、进度、质量的控制要求。施工中要严格按照施工图和图纸会审记录施工，如需变动应取得建设单位和设计单位的同意；要严格执行有关施工标准和规范，确保工程质量；按合同规定的内容全面完成施工任务。

（2）生产准备。生产准备是项目投产前由建设单位进行的一项重要工作。它是衔接建设和生产的桥梁，是建设阶段转入生产经营的必要条件。建设单位应及时组成专门班子或机构做好生产准备工作。

生产准备工作的内容根据工程类型的不同而有所区别，一般应包括下列内容：

1）组建生产经营管理机构，制定管理制度和有关规定；

2）招收并培训生产和管理人员，组织人员参加设备的安装、调试和验收；

3）生产技术的准备和运营方案的确定；

4）原材料、燃料、协作产品、工具、器具、备具和备件等生产物资的准备；

5）其他必要的生产准备。

（3）竣工验收。按批准的设计文件和合同规定的内容建成的工程项目，其中生产性项目经负荷试运转和试生产合格，并能够生产合格产品；非生产性项目符合设计要求，能够正常使用，都应及时组织验收，办理移交固定资产手续。竣工验收是全面考核建设成果，检验设计和工程质量的重要步骤，是投资成果转入生产或使用的标志。建筑工程施工质量验收应符合以下要求：

1）参加工程施工质量验收的各方人员应具备规定的资格；

2）单位工程完工后，施工单位应自行组织有关人员进行检查评定，并向建设单位提交工程验收报告；

3）建设单位收到工程验收报告后，应由建设单位（项目）负责人组织施工（含分包单位）、设计、监理等单位（项目）负责人进行单位（子单位）工程验收；

4）单位工程质量验收合格后，建设单位应在规定时间内将工程竣工验收报告和有关文件报给建设行政管理部门备案。

（4）后评价。建设项目一般经过1～2年生产运营（或使用）后，要进行一次系统的项目后评价。建设项目后评价是我国建设程序新增加的一项内容，目的是肯定成绩，总结经验，研究问题，吸取教训，提出建议，改进工作，不断提高项目决策水平和投资效果。项目后评价一般分为项目法人的自我评价、项目行业的评价和计划部门（或主要投资方）的评价三个层次组织实施。建设项目的后评价包括以下主要内容：

1）影响评价：对项目投产后各方面的影响进行评价。

2）经济效益评价：对投资效益、财务效益、技术进步、规模效益、可行性研究深度等进行评价。

3）过程评价：对项目的立项、设计、施工、建设管理、竣工投产、生产运营等全过程进行评价。

■ 1.2.3 施工项目管理程序

施工项目管理是企业运用系统的观点、理论和科学技术的方法对施工项目进行的计划、组织、监督、控制、协调等全过程的管理。施工项目管理应体现管理的规律，企业应利用制度保证项目管理按规定程序运行，以提高建设工程施工项目的管理水平，促进施工项目管理的科学化、规范化和法制化，适应市场经济发展的需要，与国际惯例接轨。

施工项目管理程序是拟建工程项目在整个施工阶段必须遵循的客观规律，它是长期施工实践经验的总结，反映了整个施工阶段必须遵循的先后次序。施工项目管理程序由下列各环节组成：

(1)编制项目管理规划大纲。项目管理规划分为项目管理规划大纲和项目管理实施规划。项目管理规划大纲是由企业管理层在投标之前编制的，作为投标依据、满足招标文件要求及签订合同要求的文件。当承包人以编制施工组织设计代替项目管理规划时，施工组织设计应满足项目管理规划的要求。

项目管理规划大纲(或施工组织设计)的内容应包括：项目概况、项目实施条件、项目投标活动及签订施工合同的策略、项目管理目标、项目组织结构、质量目标和施工方案、工期目标和施工总进度计划、成本目标、项目风险预测和安全目标、项目现场管理和施工平面图、投标和签订施工合同、文明施工及环境保护方案等。

(2)编制投标书并进行投标，签订施工合同。施工单位承接任务的方式一般有三种：国家或上级主管部门直接下达；受建设单位委托而承接；通过投标而中标承接。招标投标方式是最具有竞争机制，较为公平合理地承接施工任务的方式，在我国已得到广泛普及。

施工单位要从多方面掌握大量信息，编制既能使企业盈利，又有竞争力，有望中标的投标书。如果中标，则与招标方进行谈判，依法签订施工合同。签订施工合同之前要认真检查签订施工合同的必要文件是否已经具备，如工程项目是否有正式的批文，是否落实投资等。

(3)选定项目经理，组建项目经理部，签订"项目管理目标责任书"。签订施工合同后，施工单位应选定经理，项目经理接受企业法定代表人的委托组建项目经理部，配备管理人员，企业法定代表人根据施工合同和经营管理目标与项目经理签订"项目管理目标责任书"，明确规定项目经理部应达到的成本、质量、进度和安全等控制目标。

(4)项目经理部编制"项目管理实施规划"，进行项目开工前的准备。项目管理实施规划(或施工组织设计)是在工程开工之前由项目经理主持编制的，用于指导施工项目实施阶段管理活动的文件。

编制项目管理实施规划的依据是项目管理规划大纲、项目管理目标责任书和施工合同。项目管理实施规划的内容应包括：工程概况、施工部署、施工方案、施工进度计划、资源供应计划、施工准备工作计划、施工平面图、技术组织措施计划、项目风险管理、信息管理和技术指标、技术经济指标分析等。

项目管理实施规划应经会审后，由项目经理签字并报企业主管领导人审批。

根据项目管理实施规划，对首批施工的各单位工程，应抓紧落实各项施工准备工作，使现场具备开工条件，有利于进行文明施工。具备开工条件后，提出开工申请报告，经审查批准后，即可正式开工。

(5)施工期间按"项目管理实施规划"进行管理。施工过程是一个自开工至竣工的实施过程，是施工程序中的主要阶段。在这一过程中，项目经理部应从整个施工现场的全局出发，按照项目管理实施规划(或施工组织设计)进行管理，精心组织施工，加强各单位、各部门的配合与协作，协调解决各方面问题，使施工活动顺利开展，保证质量目标、进度目标、安全目标、成本目标的实现。

■ 1.2.4　验收

项目竣工验收是在承包人按照施工合同完成了项目全部任务，经检验合格，由发包人组织验收的过程。

项目经理应全面负责工程交付竣工验收前的各项准备工作，建立竣工收尾小组，编制项目竣工收尾计划并限期完成。项目经理部应在完成施工项目竣工收尾计划后，向企业报告，提交有关部门验收。承包人在企业内部验收合格并整理好各项交工验收的技术经济资料后，向发包人发出预约竣工验收的通知书，由发包人组织设计、施工、监理等单位进行项目竣工验收。

通过竣工验收程序，办完竣工结算后，承包人应在规定限期内向发包人办理工程移交手续。

■ 1.2.5　项目考核评价

施工项目完成以后，项目经理部应对其进行经济分析，做出项目管理总结报告并送企业管理层有关职能部门。

企业管理层组织项目考核评价委员会，对项目管理工作进行考核评价。项目考核评价的目的是规范项目管理行为，鉴定项目管理水平，确认项目管理成果，对项目管理进行全面考核和评价。项目终结性考核的内容应包括确认阶段性考核的结果，确认项目管理的最终结果，确认该项目经理部是否具备"解体"的条件。经考核评价后，兑现"项目管理目标责任书"中的奖惩承诺，项目经理部解体。

■ 1.2.6　项目回访保修

承包人在施工项目竣工验收后，对工程使用状况和质量问题向用户访问了解，并按照施工合同的约定和"工程质量保修书"的承诺，在保修期内对发生的质量问题进行修理并承担相应经济责任。

项目 2　施工组织原理

知识目标

(1)明确网络计划技术的相关概念和分类，熟悉网络图的绘制规则和方法。

(2)掌握时间参数的计算方法。

(3)重点掌握双代号网络计划和双代号时标网络计划的绘制方法、关键线路的判定和控制方法。

(4)熟悉网络计划的优化方法。

技能目标

(1)能编制双代号网络图并计算时间参数。

(2)能编制和阅读双代号时标网络图。

(3)能编制单代号网络图并计算时间参数。

素质目标

(1)认真负责，团结合作，维护集体的荣誉和利益。

(2)努力学习专业技术知识，不断提高专业技能。

(3)遵纪守法，具有良好的职业道德。

(4)严格执行建设行业有关标准、规范、规程和制度。

任务 2.1　流水施工原理

教学提示

本任务主要介绍组织施工的方式，流水施工的概念、分类和表达方式；重点阐述流水的施工参数及确定，组织流水施工的基本方式，并结合实例阐述流水施工组织方式在实践中的应用步骤和方法；同时介绍流水施工的评价方法。

通过本任务教学，学生应了解流水施工的分类、概念及流水施工的评价方法；熟悉组织施工的方式及特点，流水施工在实际中应用的步骤和方法；掌握流水施工的主要参数及确定方法；掌握等节奏流水、成倍流水和无节奏流水的组织方法。

■ 2.1.1 流水施工的定义

流水施工方式是建筑安装工程施工最有效、最科学的组织方法，是实际中组织施工最常用的一种方式。

■ 2.1.2 组织施工方式

建设项目组织施工的基本方式有顺序施工、平行施工和流水施工三种，这三种方式各有特点，适用范围各异。下面围绕引例对三种施工方式作简单讨论。

【例 2-1】 有三幢同类型建筑的基础工程施工，每一幢的施工过程和工作时间见表 2-1，其施工顺序为 A→B→C→D。不考虑资源条件的限制，试组织此基础施工。

表 2-1　某基础工程施工资料

序号	施工过程	工作时间/d
1	开挖基槽（A）	3
2	混凝土垫层（B）	2
3	砌砖基础（C）	3
4	回填土（D）	2

1. 顺序施工

（1）组织思想（一）。将这三栋建筑物的基础一栋一栋施工，一栋完成后再施工另一栋，按照这样的方式组织施工，其具体安排如图 2-1 所示。由图可知工期为 30 天，每天只有一个作业队伍施工，劳动力投入较少，其他资源投入强度不大。

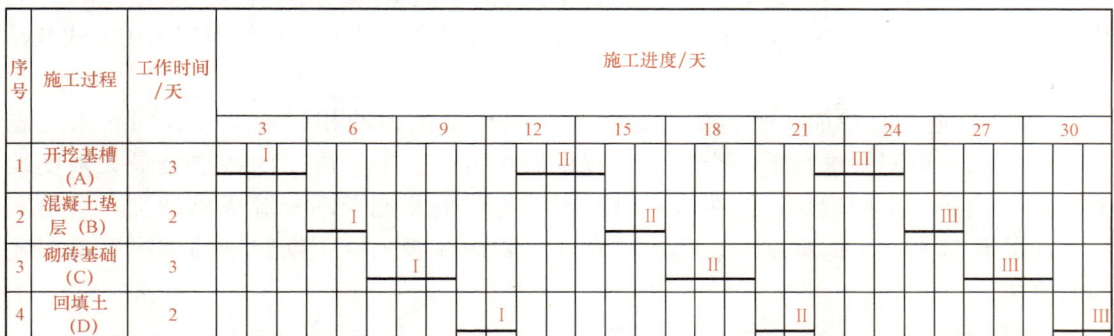

图 2-1　顺序施工进度安排一

注：Ⅰ、Ⅱ、Ⅲ为幢数。

(2)组织思想(二)。将这三栋建筑物基础施工，组织每个施工过程的专业队伍连续施工，一个施工过程完成后，另一个施工队伍才进场，按照这样的方式组织施工，其具体安排如图 2-2 所示。由图可知工期也为 30 天，每天只有一个队伍施工，劳动力投入较少，其他资源投入强度不大。

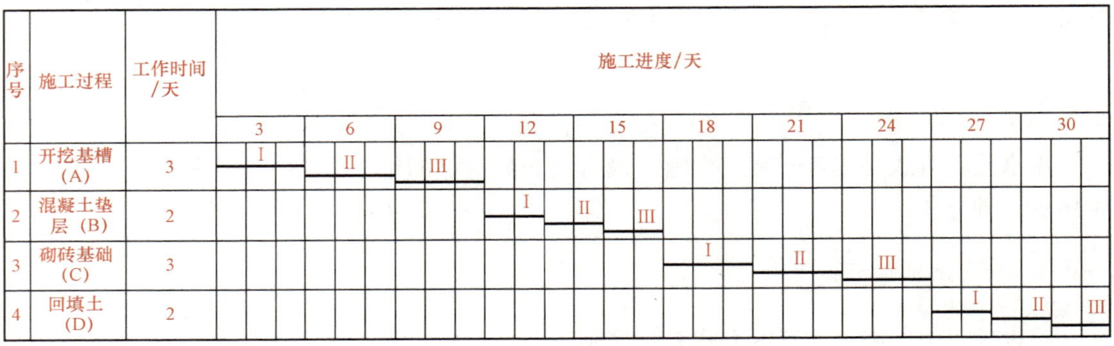

序号	施工过程	工作时间/天	施工进度/天									
			3	6	9	12	15	18	21	24	27	30
1	开挖基槽(A)	3	Ⅰ	Ⅱ	Ⅲ							
2	混凝土垫层(B)	2				Ⅰ	Ⅱ	Ⅲ				
3	砌砖基础(C)	3						Ⅰ	Ⅱ	Ⅲ		
4	回填土(D)	2									Ⅰ	Ⅱ Ⅲ

图 2-2　顺序施工进度安排二

注：Ⅰ、Ⅱ、Ⅲ为幢数。

第一种思想是以建筑产品为单元依次按顺序组织施工，因而同一施工过程的队伍工作是间断的，有窝工现象发生。第二种思想是以施工过程为单元依次按顺序组织施工，作业队伍是连续的，这样组织施工的方式就是顺序施工或依次施工。

(3)顺序施工的特征。顺序施工也称依次施工，是按照建筑工程内部各分项分部工程内在的联系和必须遵循的施工顺序，不考虑后续施工过程在时间上和空间上的相互搭接，而依照顺序组织施工的方式。顺序施工往往是前一个施工过程完成后，下一个施工过程才开始；一个工程全部完成后，另一个工程的施工才开始。

顺序施工的特点是同时投入的劳动资源较少，组织简单，材料供应单一；但劳动生产率低，工期较长，难以在短期内提供较多的产品，不能适应大型工程的施工。

2. 平行施工

(1)组织思想。将例 2-1 中三栋建筑物基础施工的每个施工过程组织三个相应的专业队伍，同时施工齐头并进，同时完工。按照这样的方式组织施工，其具体安排如图 2-3 所示。由图可知工期为 10 天，每天均有三个队伍作业，劳动力投入大，这样组织施工的方式就是平行施工。

(2)平行施工的特征。平行施工是将一个工作范围内的相同施工过程同时组织施工，完成以后再同时进行下一个施工过程的施工方式。平行施工的特点是最大限度地利用了工作面，工期最短；但在同一时间内需提供的相同劳动资源成倍增加，这给实际施工管理带来一定的难度，因此，只有在工程规模较大或工期较紧的情况下采用才是合理的。

3. 流水施工

(1)组织思想。将例 2-1 中同一个施工过程组织一个专业队伍在三栋建筑物基础上顺序施工，如挖土方组织一个挖土队伍，第一栋挖完挖第二栋，第二栋挖完挖第三栋，保证作

图 2-3 平行施工进度安排

注：Ⅰ、Ⅱ、Ⅲ为幢数。

业队伍连续施工，不出现窝工现象。不同的施工过程组织专业队伍尽量搭接平行施工，即充分利用上一施工工程的队伍作业完成留出的工作面，尽早组织平行施工，按照这种方式组织施工，其具体安排如图 2-4 所示。

图 2-4 流水施工进度安排

注：Ⅰ、Ⅱ、Ⅲ为幢数。

由图可知工期为 18 天，介于顺序施工和平行施工之间，各专业队伍依次施工，没有窝工现象，不同的施工专业队伍充分利用空间（工作面）平行施工，这样的施工方式就是流水施工。

（2）流水施工的特征。流水施工是把若干个同类型建筑或一幢建筑在平面上划分成若干个施工区段（施工段），组织若干个在施工工艺上有密切联系的专业班组相继进行施工，依次在各施工区段上重复完成相同的工作内容，不同的专业队伍利用不同的工作面尽量组织平行施工的施工组织方式。

流水施工综合了顺序施工和平行施工的优点，是建筑施工中最合理、最科学的一种组织方式。

4. 三种施工组织方式的比较

由上面分析可知，顺序施工、平行施工和流水施工是组织施工的三种基本方式，其特点及适用的范围不尽相同，三者的比较见表2-2。

表2-2　三种组织施工方式比较

方式	工期	资源投入	评价	适用范围
顺序施工	最长	投入强度低	劳动力投入少，资源投入不集中，有利于组织工作。现场管理工作相对简单，可能会产生窝工现象	规模较小，工作面有限的工程适用
平行施工	最短	投入强度最大	资源投入集中，现场组织管理复杂，不能实现专业化生产	工程工期紧迫，资源有充分的保证及工作面允许情况下可采用
流水施工	较短，介于顺序施工与平行施工之间	投入连续均衡	结合了顺序施工与平行施工的优点，作业队伍连续，充分利用工作面，是较理想的组织施工方式	一般项目均可适用

■ 2.1.3　流水施工的技术经济效果 ···

(1)建筑生产流水施工的实质是：由生产作业队伍配备一定的机械设备，沿着建筑的水平或垂直方向，用一定数量的材料在各施工段上进行生产，使最后完成的产品成为建筑物的一部分，然后再转移到另一个施工段上去进行同样的工作，所空出的工作面，由下一施工过程的生产作业队伍采用相同形式继续进行生产。如此不断进行确保了各施工过程生产的连续性、均衡性和节奏性。

建筑生产的流水施工具有如下主要特点：

1)生产工人和生产设备从一个施工段转移到另一施工段，代替了建筑产品的流动。

2)建筑生产的流水施工既在建筑物的水平方向流动(平面流水)，又沿建筑物的垂直方向流动(层间流水)。

3)在同一施工段上，各施工过程保持了顺序施工的特点，不同施工过程在不同的施工段上又最大限度地保持了平行施工的特点。

4)同一施工过程保持了连续施工的特点，不同施工过程在同一施工段上尽可能保持连续施工。

5)单位时间内生产资源的供应和消耗基本较均衡。

(2)流水施工的连续性和均衡性方便了各种生产资源的组织，使施工企业的生产能力可以得到充分的发挥，使劳动力、机械设备得到合理的安排和使用，提高了生产的经济效果，具体归纳为以下几点：

1）便于施工中的组织与管理。由于流水施工的均衡性，因而避免了施工期间劳动力和其他资源使用过分集中，有利于资源的组织。

2）施工工期比较理想。由于流水施工的连续性，保证各专业队伍连续施工，减少了间歇，充分利用工作面，可以缩短工期。

3）有利于提高劳动生产率。由于流水施工实现了专业化的生产，为工人提高技术水平、改进操作方法以及革新生产工具创造了有利条件，因而改善了工作的劳动条件，促进了劳动生产率的不断提高。

4）有利于提高工程质量。专业化的施工提高了工人的专业技术水平和熟练程度，为推行全面质量管理创造了条件，有利于保证和提高工程质量。

5）能有效降低工程成本。由于工期缩短、劳动生产率提高、资源供应均衡，各专业施工队连续均衡作业，减少了临时设施数量，从而可以节约人工费、机械使用费、材料费和施工管理费等相关费用，有效地降低了工程成本。

■ 2.1.4 流水施工的分类与组织流水施工的条件 ……………………………………

1. 按流水施工的组织范围划分

（1）分项工程流水施工。分项工程流水施工又称为内部流水施工，是指组织分项工程或专业工种内部的流水施工，即由一个专业施工队，依次在各个施工段上进行流水作业，例如，浇筑混凝土这一分项工程内部组织的流水施工。分项工程流水施工是范围最小的流水施工。

（2）分部工程流水施工。分部工程流水施工又称为专业流水施工，是指组织分部工程中各分项工程之间的流水施工。即由几个专业施工队各自连续地完成各个施工段的施工任务，施工队之间流水作业。

（3）单位工程流水施工。单位工程流水施工又称为综合流水施工，是指组织单位工程中各分部工程之间的流水施工。

（4）群体工程流水施工。群体工程流水施工又称为大流水施工，是指组织群体工程中各单项工程或单位工程之间的流水施工。

2. 按照施工工程的分解程度划分

（1）彻底分解流水施工。彻底分解流水施工是指将工程对象分解为若干施工过程，每一施工过程对应的专业施工队均由单一工种的工人及机具设备组成。采用这种组织方式，其特点在于各专业施工队任务明确，专业性强，便于熟练施工，能够提高工作效率，保证工程质量。但由于分工较细，对每个专业施工队的协调配合要求较高，给施工管理增加了一定的难度。

（2）局部分解流水施工。局部分解流水施工是指划分施工过程时，考虑专业工种的合理搭配或专业施工队的构成，将其中部分的施工过程不彻底分解而交给多工种协调组成的专业施工队来完成施工。局部分解流水施工适用于工作量较小的分部工程。

3. 按照流水施工的节奏特征划分

根据流水施工的节奏特征，流水施工可划分为有节奏流水施工和无节奏流水施工，有节奏流水施工又可分为等节拍流水施工和异节拍流水施工，其分类关系及组织流水方式如图 2-5 所示。

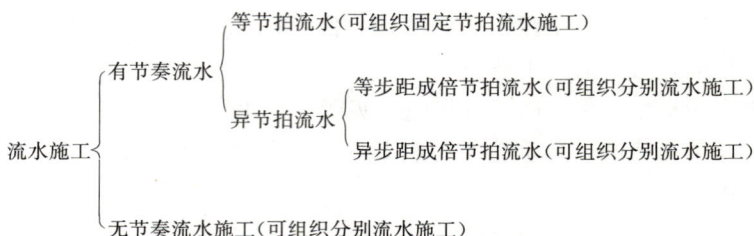

流水施工
- 有节奏流水
  - 等节拍流水(可组织固定节拍流水施工)
  - 异节拍流水
    - 等步距成倍节拍流水(可组织分别流水施工)
    - 异步距成倍节拍流水(可组织分别流水施工)
- 无节奏流水施工(可组织分别流水施工)

图 2-5　按流水施工节奏特征划分

■ **2.1.5　流水施工表达方法**

流水施工的表示方法，一般有横道图、垂直图表和网络图三种，其中最直观且易于接受的是横道图。

横道图即甘特图，是建筑工程中安排施工进度计划和组织流水施工时常用的一种表达方式，横道图形式如图 2-1～图 2-4 所示。

1. 横道图的形式

横道图中的横向表示时间进度，纵向表示施工过程或专业施工队编号。图中的横道线条的长度表示计划中的各项工作(施工过程、工序或分部工程、工程项目等)的作业持续时间，图中的横道线条所处的位置则表示各项工作的作业开始和结束时刻以及它们之间相互配合的关系，横道线上的序号如Ⅰ、Ⅱ、Ⅲ等表示施工项目或施工段号。

2. 横道图的特点

(1)能够清楚地表达各项工作的开始时间、结束时间和持续时间，计划内容排列整齐有序，形象直观。

(2)能够按计划和单位时间统计各种资源的需求量。

(3)使用方便，制作简单，易于掌握。

(4)不容易分辨计划内部工作之间的逻辑关系，一项工作的变动对其他工作或整个计划的影响不能清晰地反映出来。

(5)不能表达各项工作间的重要性，计划任务的内在矛盾和关键工作不能直接从图中反映出来。

■ **2.1.6　流水施工参数**

1. 流水施工参数的分类

流水施工参数是影响流水施工组织节奏和效果的重要因素，是用以表示流水施工在工艺流程、时间安排及空间布局方面开展状态的参数。在施工组织设计中，一般把流水施工参数分为三类，即工艺参数、空间参数和时间参数。具体分类如图 2-6 所示。

```
                    ┌ 工艺参数 ──── 施工过程(工序)
                    │
                    │              ┌ 工作面
                    │ 空间参数 ────┤ 施工段
     流水施工参数  ──┤              └ 施工层
                    │
                    │              ┌ 流水节拍
                    │              │ 流水步距
                    └ 时间参数 ────┤ 间歇时间
                                   │ 搭接时间
                                   └ 流水工期
```

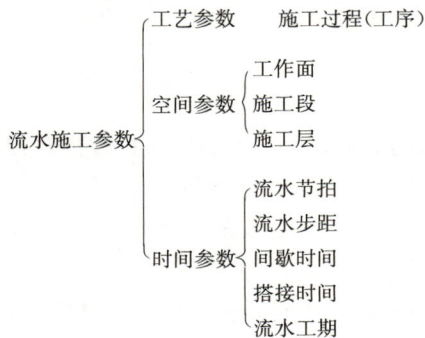

图 2-6　流水施工参数分类

2. 工艺参数

（1）含义。工艺参数是指一组流水过程中所包含的施工过程（工序）数。任何一个建筑工程都由许多施工过程所组成。每一个施工过程的完成，都必须消耗一定量的劳动力、建筑材料，需要有建筑设备、机具相配合，并且需消耗一定的时间和占有一定范围的工作面。因此，工艺参数是流水施工中最主要的参数，其数量和工程量的多少是计算其他流水参数的依据。

（2）施工过程数（n）的确定。施工过程所包含的施工内容，既可以是分项工程或者分部工程，也可以是单位工程或者单项工程。施工过程数量用 n 来表示，它的多少与建筑的复杂程度以及施工工艺等因素有关。

依据工艺性质不同，施工过程可分为以下三类：

1）制备类施工过程。制备类施工过程是指为加工建筑成品、半成品或为提高建筑产品的加工能力而形成的施工过程，如钢筋的成型、构（配）件的预制以及砂浆和混凝土的制备过程。

2）运输类施工过程。运输类施工过程是指把建筑材料、成品、半成品和设备等运输到工地或施工操作地点而形成的施工过程。

3）砌筑安装类施工过程。砌筑安装类施工过程是指在施工对象的空间上，进行建筑产品最终加工而形成的施工过程，例如砌筑工程、浇筑混凝土工程、安装工程和装饰工程等施工过程。

在组织施工现场流水施工时，砌筑安装类施工过程占有主要地位，直接影响工期的长短，因此必须列入施工进度计划表。

由于制备类施工过程和运输类施工过程一般不占有施工对象的工作面，不影响工期，因而一般不列入流水施工进度计划表。

3. 空间参数

空间参数是指在组织流水施工时，用以表达流水施工在空间上开展状态的参数，主要包括工作面、施工段和施工层。

（1）工作面（t）。工作面是指安排专业工人进行操作或者布置机械设备进行施工所需的活动空间。工作面根据专业工种的计划产量定额和安全施工技术规程确定，反映了工人操作、机械运转在空间布置上的具体要求。

在施工作业时，无论是人工还是机械都需要有一个最佳的工作面，才能发挥其最佳效率。它决定了某个专业队伍的人数及机械数的上限，直接影响到某个工序的作业时间，因而工作面确定是否合理直接关系到作业效率和作业时间。

（2）施工段（m）。施工段是指将施工对象在平面上划分为若干个劳动量大致相等的施工区段，在流水施工中，用 m 来表示施工段的数目。

划分施工段是为组织流水施工提供必要的空间条件。其作用在于某一施工过程能集中施工力量，迅速完成一个施工段上的工作内容，及早空出工作面为下一施工过程提前施工创造条件，从而保证不同的施工过程能同时在不同的工作面上进行施工。

在同一时间内，一个施工段只容纳一个专业施工队施工，不同的专业施工队在不同的施工段上平行作业，所以，施工段数量的多少，将直接影响流水施工的效果。合理划分施工段，一般应遵循以下原则：

1）各施工段的劳动基本相等，以保证流水施工的连续性、均衡性和节奏性，各施工段劳动量相差不宜超过 $10\%\sim15\%$。

2）应满足专业工种对工作面的空间要求，以发挥人工、机械的生产作业效率，因而施工段不宜过多，最理想的情况是平面上的施工段数与施工过程数相等。

3）有利于结构的整体性，施工段的界限应尽量与结构的变形缝一致。

4）当施工对象有层间关系且分层又分段时，划分施工段数尽量满足下式要求：

$$A \cdot m \geqslant n \qquad\qquad (2\text{-}1)$$

式中　A——参加流水施工的同类型建筑的幢数；

　　　m——每幢建筑平面上所划分的施工段数；

　　　n——参加流水施工的施工过程数或作业班组总数。

当 $A \cdot m = n$ 时，此时每一施工过程或作业班组既能保证连续施工，又能使所划分的施工段不致空闲，是最理想的情况，有条件时应尽量采用。

当 $A \cdot m > n$ 时，此时每一施工过程或作业班组能保证连续施工，但所划分的施工段会出现空闲，这种情况也是允许的。实际施工时有时为满足某些施工过程技术间歇的要求，有意让工作面空闲一段时间反而更趋合理。

当 $A \cdot m < n$ 时，此时每一施工过程或作业班组虽能保证连续施工，但施工过程或作业班组不能连续施工而会出现窝工现象，一般情况下应力求避免。但有时当施工对象规模较小，确实不可能划分较多的施工段时，可与同工地或同一部门内的其他相似工程组织成大流水，以保证施工队伍连续作业，不出现窝工现象。

（3）施工层（r）。对于多层的建筑物、构筑物，应既分施工段，又分施工层。

施工层是指为组织多层建筑物的竖向流水施工，将建筑物在垂直方向上划分为若干区段，用 r 来表示施工层的数目。通常以建筑物的结构层作为施工层，有时为方便施工，也可以按一定高度划分一个施工层，例如单层工业厂房砌筑工程一般按 $1.2\sim1.4$ m（即一步脚手架的高度）划分为一个施工层。

4. 时间参数

（1）流水节拍（t）。流水节拍是指一个施工过程（或作业队伍）在一个施工段上作业持续的时间，用 t 表示，其大小受到投入的劳动力数量、机械供应量的影响，也受到施工段大小的影响。

根据资源的实际投入量计算，其计算式如下：

$$t_i = \frac{Q_i}{S_i R_i a} = \frac{Q_i Z_i}{R_i a} = \frac{P_i}{R_i a} \qquad (2\text{-}2)$$

式中　t_i——流水节拍；

　　　Q_i——施工过程在一个施工段上的工程量；

　　　S_i——完成该施工过程的产量定额；

　　　Z_i——完成该施工过程的时间定额；

　　　R_i——参与该施工过程的工人数或施工机械台数；

　　　P_i——该施工过程在一个施工段上的劳动量；

　　　a——每天工作班次。

流水节拍的大小对工期有直接影响，通常在施工段数不变的情况下，流水节拍越小，工期就越短。当施工工期受到限制时，就应从工期要求反求流水节拍，然后用式(2-2)求得所需的人数或机械数，同时检查最小工作面是否满足要求及人工机械供应的可行性。若检查发现按某一流水节拍计算的人工数或机械数不能满足要求，供应不足，则可延长工期从而增加大流水节拍以减少人工、机械的需求量，以满足实际的资源限制条件。若工期不能延长则可增加资源供应量或采取一天多班次(最多三次)作业以满足要求。

(2)流水步距(k)。流水步距是指相邻两施工过程(或作业队伍)先后投入流水施工的时间间隔，一般用 k 表示。

流水步距应根据施工工艺、流水形式和施工条件来确定，在确定流水步距时应尽量满足以下要求：

1)始终保持两施工过程间的顺序施工，即在一个施工段上，前一施工过程完成后，下一施工过程方能开始。

2)任何作业班组在各施工段上必须保持连续施工。

3)前后两施工过程的施工作业应能最大限度地组织平行施工。

(3)间歇时间。

1)技术间歇(t_g)。在流水施工中，除了考虑两相邻施工过程间的正常流水步距外，有时应根据施工工艺的要求考虑工艺间合理的技术间歇时间(t_g)。如混凝土浇筑完成后应进行一段时间的养护，然后才能进行下一道工艺，这段养护时间即为技术间歇，它的存在会使工期延长。

2)组织间歇(t_z)。组织间歇时间(t_z)是指施工中由于考虑施工组织的要求，两相邻的施工过程在规定的流水步距以外增加必要的时间间隔，以便施工人员对前一施工过程进行检查验收，并为后续施工过程作出必要的技术准备工作等。如基础混凝土浇筑并养护后，施工人员必须进行主体结构轴线位置的弹线等。

3)组织搭接时间(t_d)。组织搭接时间(t_d)是指施工中由于考虑组织措施等原因，在可能的情况下，后续施工过程在规定的流水步距以内提前进入该施工段进行施工，这样工期可进一步缩短，施工更趋合理。

4)流水工期(T)。流水工期(T)是指一个流水施工中，从第一个施工过程(或作业班组)

开始进入流水施工，到最后一个施工过程(或作业班组)施工结束所需的全部时间。

2.1.7 流水施工基本组织方式

为了适应不同施工项目施工组织的特点和进度计划安排的要求，根据流水施工的特点可以将流水施工分成不同的种类进行分析和研究。

1. 固定节拍流水施工组织

固定节拍流水施工组织是指参与流水施工的施工过程流水节拍彼此相等的流水施工组织方式，即同一施工过程在不同的施工段上流水节拍相等，不同的施工过程在同一施工段上的流水节拍也相等的流水施工方式。

固定节拍流水施工组织的特点如下：

(1)各个施工过程在各个施工段上的流水节拍彼此相等。

(2)各施工过程之间的流水步距彼此相等，且等于流水节拍，即 $k=t$。

(3)每个施工过程在每个施工段上均由一个专业施工队独立完成作业，即专业施工队数目 n' 等于施工过程数 n。

(4)各个施工过程的施工速度相等，均等于 $m \times t$。

2. 成倍数节拍流水施工

在异节奏流水施工中，当同一施工过程在各个施工段上的流水节拍不相等但它们间有最大公约数，即为某一数的不同整数倍时，每个施工过程均按其节拍的倍数关系，组织相应数目的专业队伍，充分利用工作面即可组织等步距成倍数节拍流水施工。

成倍数节拍流水施工组织的特点如下：

(1)同一施工过程在各个施工段上的流水节拍彼此相等，不同施工过程在同一施工段上的流水节拍之间存在一个最大公约数。

(2)各专业施工队之间的流水步距彼此相等，且等于流水节拍的最大公约数 k。

(3)专业施工队总数目 n' 大于施工过程数 n。

3. 无节奏流水施工

无节奏流水施工是指同一施工过程在各施工段上的流水节拍不全相等，不同的施工过程之间流水节拍也不相等，在这样的条件下组织施工的方式称为分别流水施工，也称为无节奏流水施工。这种组织施工的方式，在进度安排上比较自由、灵活，是实际工程组织施工最普遍、最常用的一种方法。

无节奏流水施工组织的特点如下：

(1)各个施工过程在各个施工段上的流水节拍彼此不等，也无特定规律。

(2)所有施工过程之间的流水步距彼此不全相等，流水步距与流水节拍的大小及相邻施工过程的相应施工段节拍差有关。

(3)每个施工过程在每个施工段上均由一个专业施工队独立完成作业，即专业施工队数目 n' 等于施工过程数 n。

(4)为了满足流水施工中作业队伍的连续性，因而在组织施工时，确定流水步距是关键。

【例 2-2】 某项目施工(不分层),分 3 个施工段,4 个施工过程,施工顺序为 A→B→C→D,每个施工过程在不同的施工段上的流水节拍见表 2-3,试组织流水施工。

表 2-3 流水节拍资料

节拍段 施工段 施工过程	I	II	III
A	1	2	1
B	2	3	3
C	2	2	3
D	1	3	2

【解】根据所给资料可知,各施工过程在不同的施工段上流水节拍不相等,故可组织分别流水施工。在满足组织流水施工时施工队伍连续施工,不同的施工队伍尽量平行搭接施工的原则下,尝试绘制进度图如图 2-7 所示。

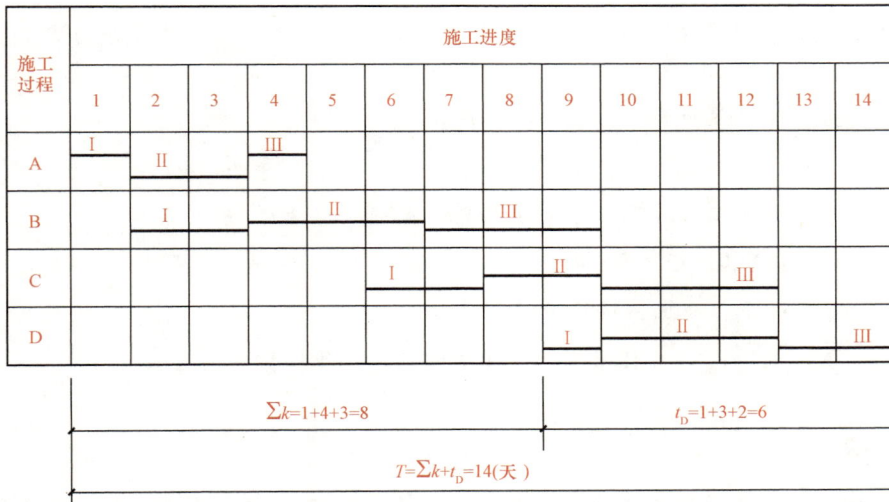

图 2-7 分别流水进度计划

由图 2-7 可知,满足了各类专业施工队伍连续作业没有窝工现象发生,其工期可分为两个部分,第一部分是各施工过程间流水步距之和,即

$$\sum k = k_{AB} + k_{BC} + k_{CD} = 1 + 4 + 3 = 8(天)$$

另一部分为最后一个施工过程的作业队伍作业持续时间,$t_D = 1 + 3 + 2 = 6$(天),因此工期为 $T = \sum k + t_D = 14$(天),由此可见,组织分别流水的最关键的一步是确定各施工过程(作业队伍)间的流水步距。

在组织分别流水施工中，确定流水步距最简单、最常用的方法就是用潘特考夫斯基法，此法又称为"累加数列错位相差取最大差法"，具体步骤如下：

（1）将各施工过程在不同施工段上的流水节拍进行累加，形成数列。

（2）将相邻的两施工过程形成的数列错位相减形成差数列。

（3）取相减差数列的最大值，即为相邻两施工过程的流水步距。

【例 2-3】 求例 2-2 中 k_{AB}、k_{BC}、k_{CD}。

【解】 求 k_{AB}：

$$\begin{array}{r} 1,\quad 3,\quad 4 \\ - \quad\quad 2,\quad 5,\quad 8 \\ \hline 1,\quad 1,\ -1,\ -8 \end{array} \qquad k_{AB}=\max\{1,\ 1,\ -1,\ -8\}=1$$

求 k_{BC}：

$$\begin{array}{r} 2,\quad 5,\quad 8 \\ - \quad\quad 2,\quad 4,\quad 7 \\ \hline 2,\quad 3,\quad 4,\ -7 \end{array} \qquad k_{BC}=\max\{2,\ 3,\ 4,\ -7\}=4$$

求 k_{CD}：

$$\begin{array}{r} 2,\quad 4,\quad 7 \\ - \quad\quad 1,\quad 4,\quad 6 \\ \hline 2,\quad 3,\quad 3,\ -6 \end{array} \qquad k_{CD}=\max\{2,\ 3,\ 3,\ -6\}=3$$

用这种方法计算的各施工过程间的流水步距与图 2-7 中尝试安排得到的流水步距是一致的。

由例 2-2 分析知，无节奏流水施工的工期公式为

$$T = \sum k + t_n + \sum t_g + \sum t_z - \sum t_d \tag{2-3}$$

式中 T——不分层施工时固定节拍流水施工的工期；

$\sum k$——各流水步距之和；

t_n——最后一个作业队伍持续时间；

$\sum t_g, \sum t_z, \sum t_d$——技术间歇、组织间歇、组织搭接时间之和。

📘 任务小结

建设项目组织施工的基本方式有顺序施工、平行施工和流水施工三种。顺序施工的特点是同时投入的劳动资源较少，组织简单，材料供应单一；但劳动生产率低，工期较长，难以在短期内提供较多的产品，不能适应大型工程的施工。平行施工是将一个工作范围内的相同施工过程同时组织施工，完成以后再同时进行下一个施工过程的施工方式。平行施工的特点是最大限度地利用了工作面，工期最短；但在同一时间内需提供的相同劳动资源成倍增加，这给实际施工管理带来一定的难度，因此，只有在工程规模较大或工期较紧的情况下采用才是合理的。流水施工综合了顺序施工和平行施工的优点，是建筑施工中最合理、最科学的一种组织方式。

同一施工过程在各施工段上的流水节拍不全相等，不同的施工过程之间流水节拍也不相等，在这样的条件下组织施工的方式称为分别流水施工，也称为无节奏流水施工。这种

组织施工的方式，在进度安排上比较自由、灵活，是实际工程组织施工最普遍、最常用的一种方法。

在组织分别流水施工中，确定流水步距最简单、最常用的方法就是用潘特考夫斯基法，此法又称为"累加数列错位相差取最大差法"，具体步骤如下：

(1)将各施工过程在不同施工段上的流水节拍进行累加，形成数列。

(2)将相邻的两施工过程形成的数列错位相减形成差数列。

(3)取相减差数列的最大值，即为相邻两施工过程的流水步距。

📖 复习思考题

1. 组织施工的方式有哪几种？各有什么特点？
2. 什么是流水施工？如何组织？
3. 流水施工有哪几种形式？
4. 列举流水施工的参数并解释其含义。
5. 组织成倍节拍流水施工的条件是什么？其流水步距如何确定？
6. 无节奏流水施工的流水步距如何确定？

参考答案

📖 实训练习题

1. 试组织某分部工程的流水施工、划分施工段、绘制进度图表并确定工期。已知各施工过程的流水节拍为

(1)$t_1 = t_2 = t_3 = 3$ 天；

(2)$t_1 = 2$ 天，$t_2 = 4$ 天，$t_3 = 2$ 天；

(3)$t_1 = 2$ 天，$t_2 = 3$ 天，$t_3 = 5$ 天。

2. 有两栋同类型的建筑基础施工，每栋有三个主导施工过程，即挖土 $t_1 = 3$ 天，砖基础 $t_2 = 6$ 天，回填土 $t_3 = 3$ 天。

(1)试组织两栋建筑基础施工阶段的流水施工，确定每栋基础最少划分的施工段数并说明原因。

(2)试计算流水工期，绘出流水施工进度计划。

任务 2.2　网络计划原理

🔺 教学提示

本任务主要介绍网络计划的基本概念、网络图的绘制方法、网络计划的编制、双代号和单代号网络计划时间参数的计算方法、网络计划的优化及网络计划与流水原理安排进度计划的比较。

通过本任务教学，学生应了解网络计划的基本原理及分类，熟悉双代号网络图的构成，工作之间常见的逻辑关系；掌握双代号网络图的绘制；掌握双代号网络计划中工作计算法、标号法和时标网络计划，熟悉双代号网络计划的节点计算法；熟悉单代号网络计划时间参数的计算；熟悉工期优化和费用优化，了解资源优化；熟悉网络计划与流水原理安排进度计划本质的不同。

2.2.1 网络图的定义及原理

工程组织施工中，常用的进度计划表达形式有两种：横道图与网络计划。横道图的优点是编制容易、简单明了、直观易懂。因为有时间坐标，各项工作的施工起止时间、作业持续时间、工作进度、总工期以及流水作业的情况等都表示得清楚明确，一目了然；对人力和资源的计算也便于据图叠加。它的缺点主要是不能明确地反映出各项工作之间错综复杂的逻辑关系，不便于各工作提前或拖延的影响分析及动态控制，不能明确地反映出影响工期的关键工作和关键线路，不便于进度控制人员抓住主要矛盾，不能反映出非关键工作所具有的机动时间，看不到计划的潜力所在，特别是不便于计算机的利用。这些缺点的存在，对改进和加强施工管理工作是不利的。

网络计划能够明确地反映出各项工作之间错综复杂的逻辑关系，通过网络计划时间参数的计算，可以找出关键工作和关键线路；通过网络计划时间参数的计算，可以明确各项工作的机动时间；网络计划可以利用计算机进行计算。

网络计划的基本原理是：首先应用网络图的形式来表达一项工程中各项工作之间错综复杂的相互关系及其先后顺序。然后通过计算找出计划中的关键工作及关键线路，接着通过不断地改进网络计划，寻求最优方案并付诸实施。最后在计划执行过程中进行有效的监测和控制，以合理使用资源，优质、高效、低耗地完成预定的工作。

建设工程施工项目网络计划安排的流程：调查研究确定施工顺序及施工工作组成；理顺施工工作的先后关系并用网络图表示；计算或计划施工工作所需持续时间；制订网络计划；不断优化、控制、调整。因此，网络计划技术不仅是一种科学的管理方法，同时也是一种科学的动态控制方法。

2.2.2 网络图的基本类型

网络计划的种类很多，可以从不同角度进行分类，具体分类方法如下：

(1)按工作在网络图中的表示方法不同划分为双代号网络计划和单代号网络计划。

(2)按工作持续时间的肯定与否划分为肯定型网络计划和非肯定型网络计划。

(3)按终点节点个数的多少划分为单目标网络计划和多目标网络计划。

(4)按网络计划的工程对象不同和使用范围的大小划分为分部工程网络计划、单位工程网络计划和群体工程网络计划。

(5)按网络计划的性质和作用划分为实施性网络计划和控制性网络计划。

我国常用的工程网络计划类型包括双代号网络计划、单代号网络计划、双代号时标网络计划和单代号搭接网络计划四类。

■ 2.2.3 双代号网络图

网络图是由箭线和节点组成，用来表示工作流程的有向、有序的网状图。网络图中，按节点和箭线所代表的含义不同，可分为双代号网络图和单代号网络图，其中双代号网络图在我国建筑行业应用较多。

双代号网络图由若干表示工作的箭线和节点组成，其中每一项工作都用一根箭线和箭线两端的两个节点来表示，箭线两端节点的号码即代表该箭线所表示的工作，"双代号"的名称由此而来，如图 2-8 所示。双代号网络图的基本三要素为：箭线、节点和线路。

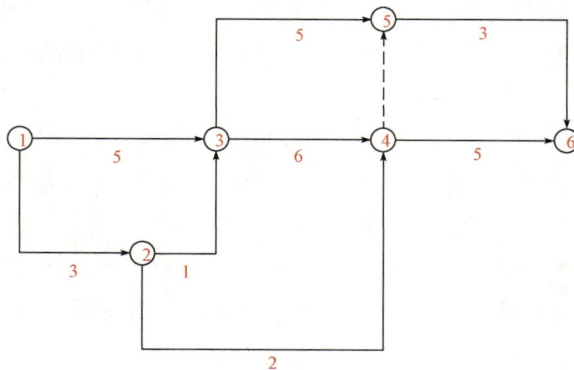

图 2-8　双代号网络图

1. 箭线

在双代号网络图中，一条箭线与其两端的节点表示一项工作。箭线表达的内容有以下几个方面：

(1)一条箭线表示一项工作或表示一个施工过程。根据网络计划的性质和作用不同，工作既可以是一个简单的施工过程，如挖土、垫层、支模板、绑扎钢筋、浇筑混凝土等分项工程，或者基础工程、主体工程、装修工程等分部工程，也可以是一项复杂的工程任务，如教学楼土建工程中的单位工程或者教学楼工程等单项工程。如何确定一项工作的大小范围，取决于所绘制的网络计划的控制性或指导性作用。

(2)一条箭线表示一项工作所消耗的时间。一般而言，每项工作的完成都要消耗一定的时间和资源，如砌砖墙、绑扎钢筋、浇筑混凝土等；也存在只消耗时间而不消耗资源的工作，如混凝土养护、砂浆找平层干燥等技术间歇，有时可以作为一项工作考虑。双代号网络图的工作名称或代号写在箭线上方，完成该工作的持续时间写在箭线的下方，如图 2-9 所示。

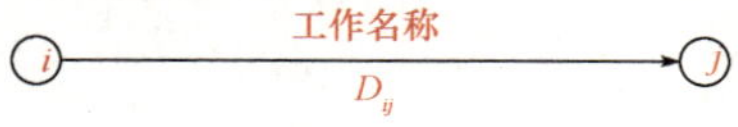

图 2-9　双代号工作表示方法

(3)在无时间坐标的网络图中，箭线的长度不代表时间的长短，画图时原则上讲，箭线的形状怎么画都行，箭线可以画成直线、折线或斜线，但不得中断。箭线尽可能以水平直线为主且必须满足网络图的绘制规则。在有时间坐标的网络图中，其箭线的长度必须根据完成该项工作所需时间长短绘制。

(4)箭线的方向表示工作进行的方向，箭尾表示工作的开始，箭头表示工作的结束。

2. 节点

网络图中箭线端部的圆圈或其他形状的封闭图形就是节点。在双代号网络图中，它表示工作之间的逻辑关系。节点表达的内容有以下几个方面：

(1)节点表示前面工作结束和后面工作开始的瞬间，所以节点不需要消耗时间和资源。

(2)箭线的箭尾节点表示该工作的开始，箭线的箭头节点表示该工作的结束。

(3)根据节点在网络图中的位置不同可以分为起点节点、终点节点和中间节点。起点节点是网络图的第一个节点，表示一项任务的开始。终点节点是网络图的最后一个节点，表示一项任务的完成。除起点节点和终点节点以外的节点称为中间节点，中间节点具有双重的含义，既是前面工作的箭头节点，也是后面工作的箭尾节点。如图 2-8 所示，①号节点为起点节点；⑥号节点为终点节点；②号节点表示 1−2 工作的结束，也表示 2−3 工作、2−4 工作的开始。

3. 线路

网络图中从起始节点开始，沿箭线方向连续通过一系列箭线和节点，最后到达终点节点的通路称为线路，如图 2-8 所示的网络计划中线路有：①→③→⑤→⑥、①→③→④→⑤→⑥、①→③→④→⑥、①→②→③→⑤→⑥、①→②→③→④→⑥、①→②→④→⑤→⑥、①→②→④→⑥共 8 条线路。

4. 绘制网络图中常见的逻辑关系及其表达方式

绘制网络图中常见的逻辑关系及其表达方式见表 2-4。

表 2-4 双代号网络图的表示方法

序号	工作间的逻辑关系	双代号网络图的表示方法	说明
1	A、B 两项工作，依次进行施工		B 依赖 A，A 约束 B
2	A、B、C 三项工作，同时开始施工		A、B、C 三项工作为平行施工方式
3	A、B、C 三项工作，同时结束施工		A、B、C 三项工作为平行施工方式
4	A、B、C 三项工作，只有 A 完成之后，B、C 才能开始		A 工作制约 B、C 工作的开始；B、C 工作为平行施工方式

序号	工作间的逻辑关系	双代号网络图的表示方法	说明
5	A、B、C 三项工作，C 工作只能在 A、B 完成之后开始		C 工作依赖于 A、B 工作的结束，A、B 工作为平行施工方式
6	A、B、C、D 四项工作，当 A、B 完成之后，C、D 才能开始		双代号表示法是以中间事件 j 把四项工作间的逻辑关系表达出来
7	A、B、C、D 四项工作，A 完成之后，C 才能开始；A、B 完成之后，D 才能开始		A 制约 C、D 的开始，B 只制约 D 的开始；A、D 之间引入了虚工作
8	A、B、C、D、E 五项工作，A、B 完成之后，D 才能开始；B、C 完成之后，E 才能开始		D 依赖 A、B 的完成，E 依赖 B、C 的结束；双代号表示法以虚工作表达 A、C 之间的上述逻辑关系
9	A、B、C、D、E 五项工作，A、B、C 完成之后，D 才能开始；B、C 完成之后，E 才能开始		A、B、C 制约 D 的开始，B、C 制约 E 的开始；双代号表示法以虚工作表达上述逻辑关系
10	A、B 两项工作，按三个施工段进行流水施工		按工种建立 2 个专业工作队，分别在 3 个施工段上进行流水作业；双代号表示法以虚工作表达工种间的关系

5. 绘图基本方法

(1)在保证网络逻辑关系正确的前提下，图面布局要合理、层次要清晰、重点要突出。

(2)密切相关的工作尽可能相邻布置，以减少箭线交叉；如无法避免箭线交叉时，可采用暗桥法表示。

(3)尽量采用水平箭线或折线箭线；关键工作及关键线路，要以粗箭线或双箭线表示。

(4)正确使用网络图断路方法，将没有逻辑关系的有关工作用虚工作加以隔断，如图 2-10 所示。

由图 2-10 可以看出，该图符合工艺逻辑关系和施工组织程序要求，但不满足空间逻辑关系要求。因为回填土Ⅰ不应该受挖地槽Ⅱ控制，回填土Ⅱ也不应该受挖地槽Ⅲ控制。这是空间逻辑关系上的表达错误，可以采用横向断路法或纵向断路法将其加以改正，前者用于无时间坐标网络图，后者用于有时间坐标网络图，如图 2-11 和图 2-12 所示。

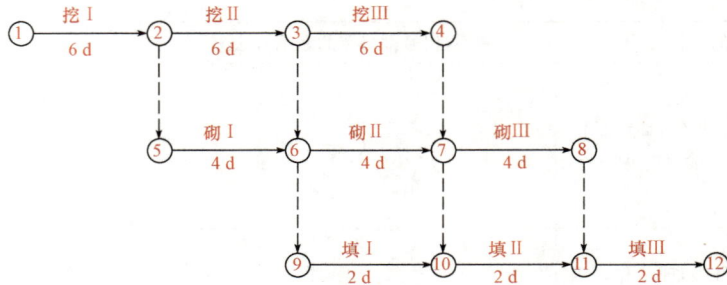

图 2-10　虚工作的表达

(5)为使图面清晰，要尽可能地减少不必要的虚工作，这可从图 2-11 与图 2-13 或图 2-14 比较中看出。

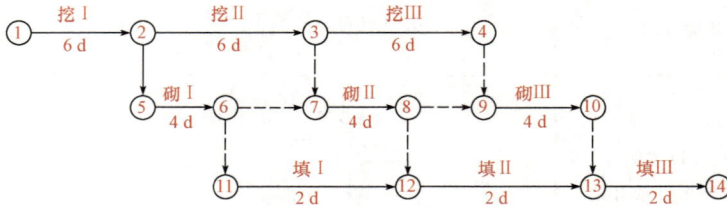

图 2-11　横向断路法示意图

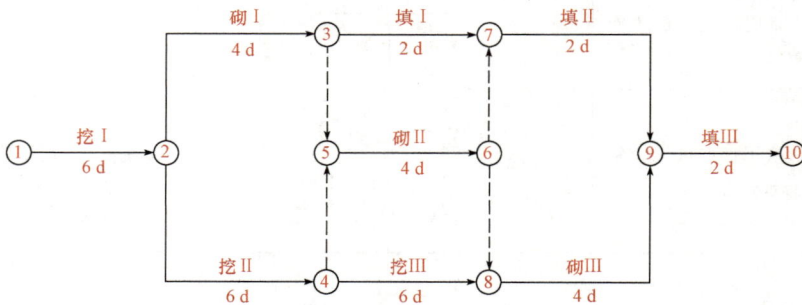

图 2-12　纵向断路法示意图

(6)网络图排列方法主要有：按工种、按施工段、按施工层排列 3 种。它们依次如图 2-13、图 2-14 和图 2-15 所示。

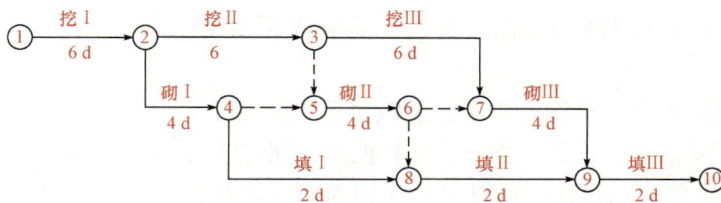

图 2-13　按工种排列法示意图

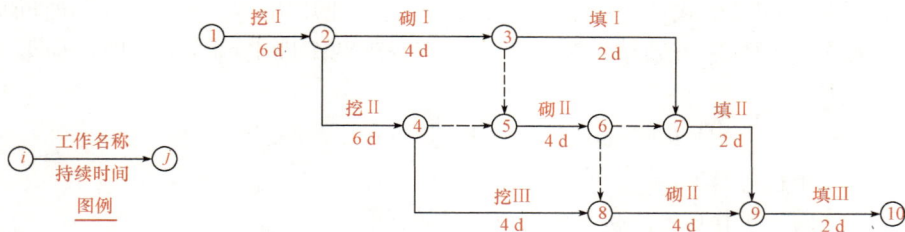

图 2-14　按施工段排列法示意图

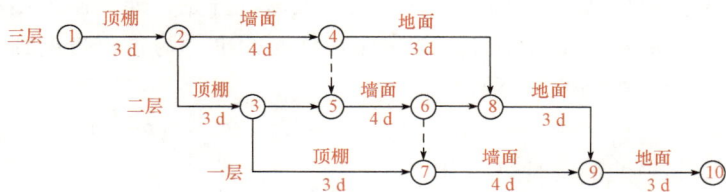

图 2-15　按施工层排列法示意图

（7）当网络图的工作数目很多时，可将其分解为几块来绘制；各块之间的分界点要设在箭线和事件最少的部位，分界点事件的编号要相同，并且画成双层圆圈。单位工程施工网络图的分界点，通常设在分部工程分界处。

6. 双代号网络图时间参数

双代号网络图时间参数包括：工作持续时间、事件时间参数、工作时间参数和线路时间参数 4 类。

（1）工作持续时间。

1）单一时间可由式（2-4）确定。

$$D_{i-j}=\frac{Q_{i-j}}{S_{i-j}R_{i-j}N_{i-j}} \tag{2-4}$$

式中　D_{i-j}——工作（$i-j$）的持续时间；

　　　Q_{i-j}——工作（$i-j$）的工程量；

　　　S_{i-j}——工作（$i-j$）的计划产量定额；

　　　R_{i-j}——工作（$i-j$）的工人数或机械台数；

　　　N_{i-j}——工作（$i-j$）的计划工作班次。

2）3 种时间可由式（2-5）确定。

$$D_{i-j}^{e}=\frac{a_{i-j}+4m_{i-j}+b_{i-j}}{6} \tag{2-5}$$

式中　D_{i-j}^{e}——工作（$i-j$）的概率期望持续时间；

　　　a_{i-j}——工作（$i-j$）最乐观的持续时间；

　　　m_{i-j}——工作（$i-j$）最可能的持续时间；

　　　b_{i-j}——工作（$i-j$）最悲观的持续时间。

（2）事件时间参数。

1)事件最早时间可由式(2-6)确定。它是从原始事件开始,并假定其开始时间为零,然后按照事件编号递增顺序直到结束事件为止;当遇到两个以上前导工作时,应取其相应计算结果的最大值。

$$ET_j = \max\{ET_i + D_{i-j}\} \quad (i < j; \ 2 \leqslant j \leqslant n) \tag{2-6}$$

式中 ET_j——事件(j)的最早时间;

  ET_i——前导工作($i-j$)起点事件(i)最早时间;

  D_{i-j}——前导工作($i-j$)的持续时间;

  max——取各自计算结果的最大值。

2)事件最迟时间可由式(2-7)确定。它是从结束事件开始,通常假定结束事件最迟时间等于其最早时间,然后按照事件编号递减顺序直到原始事件为止;当遇到两个以上后续工作时,应取其相应计算结果的最小值。

$$LT_i = \min\{LT_j - D_{i-j}\} \quad (i < j; \ 2 \leqslant j \leqslant n-1) \tag{2-7}$$

式中 LT_i——事件(i)的最迟时间;

  LT_j——后续工作($i-j$)终点事件(j)最迟时间;

  D_{i-j}——后续工作($i-j$)的持续时间;

  min——取各自计算结果的最小值。

(3)工作时间参数。

1)最早开始时间。最早开始时间是在各紧前工作全部完成后,本工作 $i-j$ 有可能开始的最早时间,最早开始时间用 ES_{i-j} 表示。

最早开始时间应从网络计划的起始节点开始,顺着箭线方向依次计算。

①以起始节点 i 为箭尾的工作 $i-j$ 的最早开始时间 $ES_{i-j} = 0 (i=1)$。

②当工作 $i-j$ 有多项紧前工作时,其最早开始时间为

$$ES_{i-j} = \max\{ES_{h-i} + D_{h-i}\} \tag{2-8}$$

2)最早完成时间。最早完成时间 EF_{i-j} 是在各紧前工作全部完成后,本工作有可能完成的最早时刻。

$$EF_{i-j} = ES_{i-j} + D_{i-j} \tag{2-9}$$

3)最迟完成时间。最迟完成时间是在不影响整个计划按期完成的前提下,本工作最迟必须完成的时间。

最迟完成时间应从终点节点开始,逆着箭线方向依次逐项计算。

①终点节点的最迟完成时间按该网络计划的计划工期确定:$LF_{i-n} = T_p$。

②其他工作 $i-j$ 的最迟完成时间等于其紧后工作最迟完成时间减紧后工作持续时间的差。

$$LF_{i-j} = \min\{LF_{j-k} - D_{j-k}\} \tag{2-10}$$

4)最迟开始时间。最迟开始时间 LS_{i-j} 等于其紧后工作最迟完成时间减本工作持续时间的差。

$$LS_{i-j} = LF_{i-j} - D_{i-j} \tag{2-11}$$

5)总时差的计算。工作 $i-j$ 的总时差按下式计算:

$$TF_{i-j} = LS_{i-j} - ES_{i-j} \tag{2-12}$$

$$或 \qquad TF_{i-j}=LF_{i-j}-EF_{i-j} \qquad (2\text{-}13)$$

7)自由时差的计算。工作 $i-j$ 的自由时差 FF_{i-j} 按下式计算：

$$FF_{i-j}=ES_{j-k}-ES_{i-j}-D_{i-j} \qquad (2\text{-}14)$$

$$或 \qquad FF_{i-j}=ES_{j-k}-EF_{i-j} \qquad (2\text{-}15)$$

按工作计算法计算时间参数应在确定了各项工作的持续时间之后进行。虚工作也必须视同工作进行计算，其持续时间为零。时间参数的计算结果应标注在箭线之上。

(4)关键工作和关键线路的判别(线路时间参数)。在双代号网络图中，$TF_{i-j}=0$ 的工作就是关键工作，由关键工作组成的线路就是关键线路。关键线路的线路时间，就是该网络图的计算总工期，即 $T_n=ET_n$[结束事件 (n) 最早时间]。

【例 2-4】 某工程由挖基槽、砌基础和回填土 3 个分项工程组成，它在平面上划分为Ⅰ、Ⅱ、Ⅲ三个施工段，各分项工程在各个施工段的持续时间，如图 2-16 所示。试计算该网络图的各项时间参数。

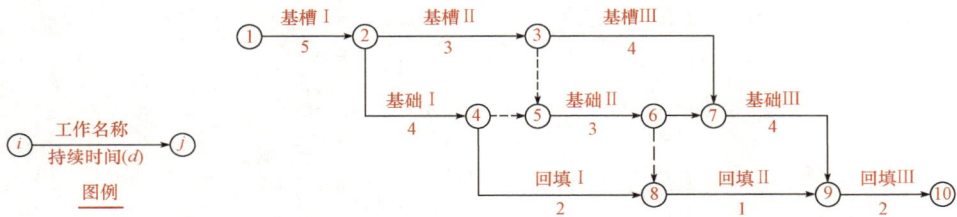

图 2-16 某工程双代号网络图

【解】

(1)事件时间参数计算。

1)事件最早时间(ET_j)，假定 $ET_1=0$，依次进行计算。

$$ET_1=0$$
$$ET_2=ET_1+D_{1-2}=0+5=5$$
$$ET_3=ET_2+D_{2-3}=5+3=8$$
$$ET_4=ET_2+D_{2-4}=5+4=9$$
$$ET_5=\max\begin{Bmatrix} ET_3+D_{3-5}=8+0=8 \\ ET_4+D_{4-5}=9+0=9 \end{Bmatrix}=9$$
$$\vdots \qquad \vdots \qquad \vdots$$
$$ET_9=\max\begin{Bmatrix} ET_7+D_{7-9}=12+4=16 \\ ET_8+D_{8-9}=12+1+13 \end{Bmatrix}=16$$
$$ET_{10}=ET_9+D_{9-10}=16+2=18$$

以上计算结果如图 2-17 所示。

2)事件最迟时间(LT_i)，假定 $LT_{10}=ET_{10}=18$，依次进行计算。

$$LT_{10}=18$$
$$LT_9=LT_{10}-D_{9-10}=18-2=16$$
$$LT_8=LT_9-D_{8-9}=16-1=15$$

$$LT_7 = LT_9 - D_{7-9} = 16 - 4 = 12$$

$$LT_6 = \min \begin{cases} LT_7 - D_{6-7} = 12 - 0 = 12 \\ LT_8 - D_{6-8} = 15 - 0 = 15 \end{cases} = 12$$

$$\vdots \qquad \vdots \qquad \vdots$$

$$LT_2 = \min \begin{cases} LT_3 - D_{2-3} = 8 - 3 = 5 \\ LT_4 - D_{2-4} = 9 - 4 = 5 \end{cases} = 5$$

$$LT_1 = LT_2 - D_{1-2} = 5 - 5 = 0$$

以上计算结果，如图 2-17 所示。

（2）工作时间参数计算。工作最早可能开始（ES_{i-j}）和结束（EF_{i-j}）时间，工作最迟必须结束（LF_{i-j}）和开始（LS_{i-j}）时间。

$$ES_{1-2} = ET_1 = 0$$

$$EF_{1-2} = ES_{1-2} + D_{1-2} = 0 + 5 = 5$$

$$LF_{1-2} = LT_2 = 5$$

$$LS_{1-2} = LF_{1-2} - D_{1-2} = 5 - 5 = 0$$

$$\vdots \qquad \vdots \qquad \vdots$$

$$ES_{9-10} = ET_9 = 16$$

$$EF_{9-10} = ES_{9-10} + D_{9-10} = 16 + 2 = 18$$

$$LF_{9-10} = LT_{10} = 18$$

$$LS_{9-10} = LF_{9-10} - D_{9-10} = 18 - 2 = 16$$

以上计算结果如图 2-17 所示。

（3）工作时差计算。工作总时差（TF_{i-j}）和自由时差（FF_{i-j}）。

$$TF_{1-2} = LF_{1-2} - EF_{1-2} = 5 - 5 = 0$$

$$FF_{1-2} = ET_2 - EF_{1-2} = 5 - 5 = 0$$

$$\vdots \qquad \vdots \qquad \vdots$$

$$TF_{4-8} = LS_{4-8} - ES_{4-8} = 13 - 9 = 4$$

$$FF_{4-8} = ET_8 - EF_{4-8} = 12 - 11 = 1$$

$$\vdots \qquad \vdots \qquad \vdots$$

$$TF_{9-10} = LF_{9-10} - EF_{9-10} = 18 - 18 = 0$$

$$FF_{9-10} = ET_{10} - EF_{9-10} = 18 - 18 = 0$$

以上计算结果，如图 2-17 所示。

（4）判断关键工作和关键线路。总时差为零的工作就是关键工作，本例关键工作有：1—2、2—3、2—4、3—5、3—7、4—5、5—6、6—7、7—9 和 9—10 共 9 项工作。

由关键工作组成的线路就是关键线路，在本例 6 条线路中有两条关键线路，如图 2-17 中粗箭线所示；该网络图的计算总工期为 18 d。

■ 2.2.4 单代号网络图

单代号网络图由工作和线路两个基本要素组成。

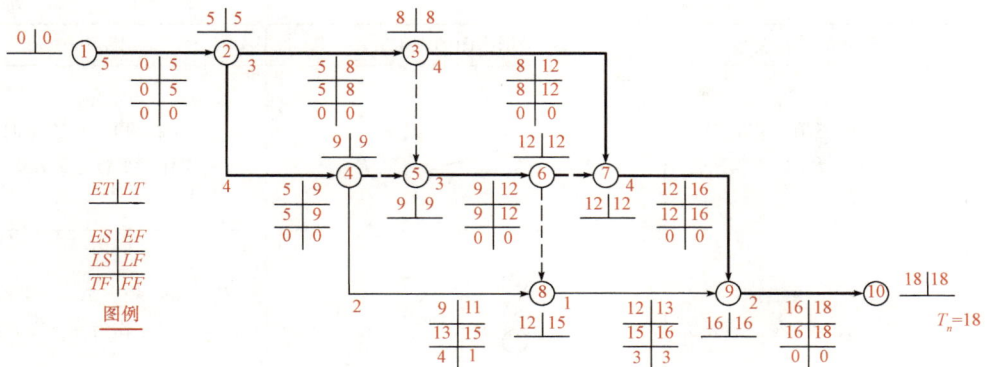

图 2-17 某工程双代号网络图时间参数

1. 工作

在单代号网络图中，工作由节点及其关联箭线组成。通常将节点画成一个大圆圈或方框形式，其内标注编号、工作名称和持续时间。关联箭线表示该工作开始前和结束后的环境关系，如图 2-18 所示。

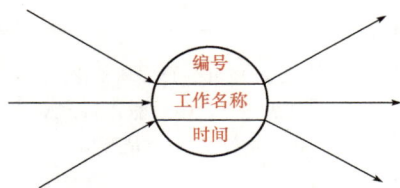

2. 线路

在单代号网络图中，线路概念、种类和性质与双代号网络图基本类似，此处从略。

图 2-18 单代号工作示意图

3. 普通单代号网络图绘制

(1)绘图基本规则。

1)必须正确地表达各项工作之间相互制约和相互依赖的关系，见表 2-5。

表 2-5 单代号网络图的表示方法

序号	工作间的逻辑关系	单代号网络图的表示方法	说明
1	A、B 两项工作，依次进行施工		B 依赖 A，A 约束 B
2	A、B、C 三项工作，同时开始施工		A、B、C 三项工作为平行施工方式
3	A、B、C 三项工作，同时结束施工		A、B、C 三项工作为平行施工方式

序号	工作间的逻辑关系	单代号网络图的表示方法	说明
4	A、B、C 三项工作，只有 A 完成之后，B、C 才能开始		A 工作制约 B、C 工作的开始，B、C 工作为平行施工方式
5	A、B、C 三项工作，C 工作只能在 A、B 完成之后开始		C 工作依赖于 A、B 工作的结束，A、B 工作为平行施工方式
6	A、B、C、D 四项工作，当 A、B 完成之后，C、D 才能开始		—
7	A、B、C、D 四项工作，A 完成之后，C 才能开始；A、B 完成之后，D 才能开始		A 制约 C、D 的开始，B 只制约 D 的开始；A、D 之间引入了虚工作
8	A、B、C、D、E 五项工作，A、B 完成之后，D 才能开始；B、C 完成之后，E 才能开始		D 依赖 A、B 的完成，E 依赖 B、C 的结束
9	A、B、C、D、E 五项工作；A、B、C 完成之后，D 才能开始；B、C 完成之后，E 才能开始		A、B、C 制约 D 的开始，B、C 制约 E 的开始
10	A、B 两项工作，按三个施工段进行流水施工		按工种建立两个专业工作队，分别在 3 个施工段上进行流水作业

2)在单代号网络图中，只允许有 1 个原始节点；当有两个以上首先开始的工作时，要设置一个虚拟的原始节点，并在其内标注"开始"二字。

3)在单代号单目标网络图中，只允许有 1 个结束节点；当有两个以上最后结束的工作时，要设置一个虚拟的结束节点，并在其内标注"结束"二字。

4)在单代号网络图中，既不允许出现闭合回路，也不允许出现重复编号的工作。

5)在单代号网络图中，不允许出现双向箭线，也不允许出现没有箭头的箭线。

(2)绘图基本方法。

1)在保证网络逻辑关系正确的前提下，图面布局要合理，层次要清晰，重点要突出。

2)密切相关的工作尽可能相邻布置，以便减少箭线交叉；在无法避免箭线交叉时，可采用暗桥法表示。

3)单代号网络图的分解方法和排列方法，与双代号网络图相应部分类似，此处从略。

■ 2.2.5　时标网络图及其应用 ···

1. 双代号时标网络计划的概念及特点

将表示工作的箭线的水平投影长度按该工作持续时间大小成比例绘制而成的双代号网络计划称为双代号时标网络计划，简称时标网络计划。

时标网络计划既具有网络计划的优点，又具有横道图直观易懂的优点，它将网络计划的时间参数直观地表达出来。

2. 时标网络计划的绘制方法

时标网络计划的绘制方法有间接绘制法和直接绘制法两种。

(1)间接绘制法。间接绘制法是指先根据无时标的网络计划计算其时间参数并确定关键线路，然后在时标网络计划表中进行绘制。在绘制时应先将所有节点按其最早时间定位在时标网络计划表中的相应位置，然后再用规定线型按比例绘出实工作和虚工作。当某些工作箭线的长度不足以到达该工作的完成节点时，须用波形线补足，箭头应画在与该工作完成节点的连接处。

(2)直接绘制法。直接绘制法是指不计算时间参数而直接按无时标的网络计划草图绘制时标网络计划。现以图2-19所示网络计划为例，说明时标网络计划的绘制过程。

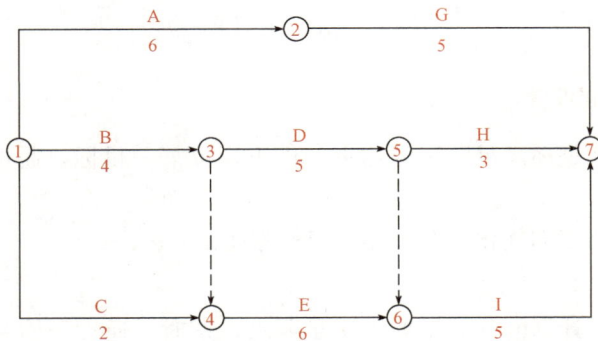

图2-19　网络计划

3. 时标网络计划中时间参数的判定

(1)关键线路和计算工期的判定。

1)关键线路的判定。时标网络计划中的关键线路可从网络图的终点节点开始，逆着箭线方向进行判定。凡自始至终不出现波形线的线路即为关键线路。

2)计算工期的判定。网络计划的计算工期应等于终点节点所对应的时标值与起点节点所对应的时标值之差。

(2)相邻两项工作之间时间间隔的判定。除以终点节点为完成节点的工作外，工作箭线中波形线的水平投影长度表示本工作与其紧后工作之间的时间间隔。

（3）工作六个时间参数的判定。

1）工作最早开始时间和最早完成时间的判定。工作箭线左端节点中心所对应的时标值为该工作的最早开始时间。当工作箭线中不存在波形线时，其右端节点中心所对应的时标值为该工作的最早完成时间；当工作箭线中存在波形线时，工作箭线实线部分右端点所对应的时标值为该工作的最早完成时间。

2）工作总时差的判定。工作总时差的判定应从网络计划的终点节点开始，逆着箭线方向依次进行。

以终点节点为完成节点的工作，其总时差应等于计划工期与本工作最早完成时间之差，即

$$TF_{i-n} = T_p - EF_{i-n} \tag{2-16}$$

3）工作自由时差的判定。以终点节点为完成节点的工作，其自由时差等于计划工期与本工作最早完成时间之差，即

$$FF_{i-n} = T_p - EF_{i-n} \tag{2-17}$$

其他工作的自由时差就是该工作箭线中波形线的水平投影长度。但当工作之后只紧接虚工作时，则该工作箭线上一定不存在波形线，而其紧接的虚箭线中波形线水平投影长度的最短者为该工作的自由时差。

4）工作最迟开始时间和最迟完成时间的判定。工作的最迟开始时间等于本工作的最早开始时间与其总时差之和，即

$$LS_{i-j} = ES_{i-j} + TF_{i-j} \tag{2-18}$$

工作的最迟完成时间等于本工作的最早完成时间与其总时差之和，即

$$LF_{i-j} = EF_{i-j} + TF_{i-j} \tag{2-19}$$

■ 2.2.6 网络计划的应用及优化 ·····

网络计划优化，就是在满足既定的约束条件下，按某一目标，通过不断调整寻求最优网络计划方案的过程。

网络计划优化包括工期优化、费用优化和资源优化。

1. 工期优化

工期优化是指网络计划的计算工期不满足要求工期时，通过压缩关键工作的持续时间以满足要求工期的过程，若仍不能满足要求，需调整方案或重新审定要求工期。

压缩关键工作时应考虑下列因素：

（1）压缩对质量、安全影响不大的工作。

（2）压缩有充足备用资源的工作。

（3）压缩增加费用最少的工作，即压缩直接费费率、赶工费费率或优选系数最小的工作。

工期压缩方法如下：

（1）当只有一条关键线路时，在其他情况均能保证的条件下，压缩直接费费率、赶工费费率或优选系数最小的关键工作。

（2）当有多条关键线路时，应同时压缩各条关键线路相同的数值，压缩直接费费率、赶

工费费率或优选系数组合最小者。

(3)由于压缩过程中非关键线路可能转为关键线路，所以切忌压缩"一步到位"。

2. 费用优化

费用优化又称工期成本优化，是指寻求工程总成本最低时的工期安排，或按要求工期寻求最低成本的计划安排的过程。

工程总费用由直接费和间接费组成。直接费由人工费、材料费、机械费、措施费等组成。施工方案不同，直接费也就不同。如果施工方案一定，工期不同，直接费也不同。直接费会随着工期的缩短而增加。间接费包括管理费等内容，它一般随着工期的缩短而减少。当确定一个合理的工期，就能使总费用达到最小，这也是费用优化的目标。

由于网络计划的工期取决于关键工作的持续时间，为了进行工期优化必须分析网络计划中各项工作的直接费与持续时间的关系，它是网络计划工期成本优化的基础。工作的直接费随着工期的缩短而增加。

费用优化的基本思路是：不断地在网络计划中找出直接费用率（或组合直接费用率）最小的关键工作，缩短其持续时间，同时考虑间接费用随工期缩短而减少的数值，最后求得工程总成本最低时的最优工期安排或按要求工期求得最低成本的计划安排。

按照上述基本思路，费用优化可按以下步骤进行：

(1)按工作的正常持续时间确定计算工期和关键线路。

(2)计算各项工作的直接费用率。

(3)当只有一条关键线路时，应找出组合直接费用率最小的一项关键工作，作为缩短持续时间的对象；当有多条关键线路时，应找出组合直接费用率最小的一组关键工作，作为缩短持续时间的对象。

(4)对于选定的压缩对象（一项关键工作或一组关键工作），首先要比较其直接费用率或组合直接费用率与工程间接费用率的大小，然后再进行压缩。

(5)当需要缩短关键工作的持续时间时，其缩短值的确定必须符合下列两条原则：

1)缩短后工作的持续时间不能小于其最短持续时间。

2)缩短持续时间的工作不能变成非关键工作。

(6)计算关键工作持续时间缩短后相应的总费用。

优化后工程总费用＝初始网络计划的费用＋直接费增加费用－间接费减少费用

(7)重复上述(3)～(6)步，直至计算工期满足要求工期或被压缩对象的直接费用率或组合直接费用率大于工程间接费用率为止。

(8)计算优化后的工程总费用。

3. 资源优化

资源是指完成一项计划任务所需投入的人力、材料、机械设备和资金等。完成一项工程任务所需要的资源量基本上是不变的，不可能通过资源优化将其减少。资源优化的目的是通过改变工作的开始时间和完成时间，使资源按照时间分布符合优化目标。

资源优化的前提条件是：

(1)在优化过程中，不改变网络计划中各项工作之间的逻辑关系。

(2)在优化过程中，不改变网络计划中各项工作的持续时间。

（3）网络计划中各项工作的资源强度（单位时间所需资源数量）为常数，而且是合理的。

（4）除规定可中断的工作外，一般不允许中断工作，应保持其连续性。

为简化问题，这里假定网络计划中的所有工作需要同一种资源。

通常情况下，网络计划的资源优化分为两种，即"资源有限，工期最短"的优化和"工期固定，资源均衡"的优化。前者是通过调整计划安排，在满足资源限制的条件下，使工期延长最小的过程，而后者是通过调整计划安排，在工期保持不变的条件下，使资源需用量尽可能均衡的过程。

"资源有限，工期最短"的优化一般可按以下步骤进行：

（1）按照各项工作的最早开始时间安排进度计划，并计算网络计划每个时间单位的资源需用量。

（2）从计划开始日期起，逐个检查每个时段（每个时间单位资源需用量相同的时间段）资源需用量是否超过所能供应的资源限量。如果在整个工期范围内每个时段的资源需用量均能满足资源限量的要求，则可行优化方案就编制完成；否则，必须转入下一步进行计划的调整。

（3）分析超过资源限量的时段。如果在该时段内有几项工作平行作业，则采取将一项工作安排在与之平行的另一项工作之后进行的方法，以降低该时段的资源需用量。

（4）对调整后的网络计划安排重新计算每个时间单位的资源需用量。

（5）重复上述（2）～（4）步，直至网络计划整个工期范围内每个时间单位的资源需用量均满足资源限量为止。

"工期固定，资源均衡"的优化是安排建设工程进度计划时，需要使资源需用量尽可能地均衡，使整个工程每单位时间的资源需用量不出现过多的高峰和低谷，这样不仅有利于工程建设的组织与管理，而且可以降低工程费用。

"工期固定，资源均衡"的优化方法有多种，如方差值最小法、极差值最小法、削高峰法等。

【例 2-5】 已知某工程双代号网络计划如图 2-20 所示，图中箭线下方括号外数字为工作的正常持续时间，括号内数字为最短持续时间；箭线上方括号内数字为优选系数，该系数综合考虑质量、安全和费用增加情况而确定。选择压缩对象时，应选择优选系数最小的关键工作。若需要同时压缩多个关键工作的持续时间时，则它们的优选系数之和最小者应优先作为压缩对象。现假设要求工期为 15 时间单位，试对其进行工期优化。

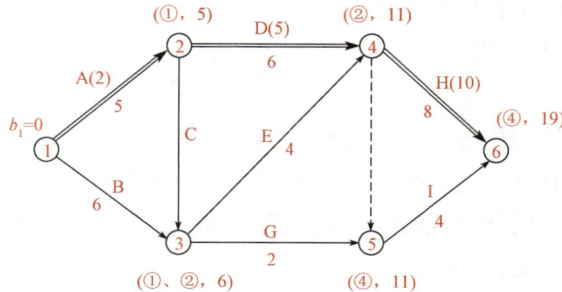

图 2-20　初始网络计划

【解】该网络计划的工期优化可按以下步骤进行：

（1）根据各项工作的正常持续时间，用标号法确定网络计划的计算工期和关键线路，如图 2-21 所示。此时关键线路为①→②→④→⑥，$T_0 = 19$。

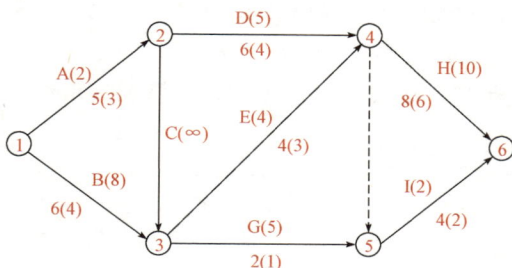

图 2-21　初始网络计划中的关键线路

（2）第一次优化。

1）需要缩短的时间 $\Delta T_1 = 19 - 15 = 4$。

2）选择压缩对象。由于此时关键工作为工作 A、工作 D 和工作 H，而其中工作 A 的优选系数最小，故应将工作 A 作为优先压缩的对象。

3）确定工作 A 可压缩的时间。

$$\Delta t = \min(D_n - D_c, \ TF^f_{\min}, \ \Delta T_1) = \min(5-3, \ 1, \ 4) = 1$$

4）确定新的计算工期和关键线路，如图 2-22 所示。此时，网络计划出现两条关键线路，即①→②→④→⑥和①→③→④→⑥，工期 $T_1 = 18$。

5）由于此时计算工期为 18，仍大于要求工期，故需继续压缩。

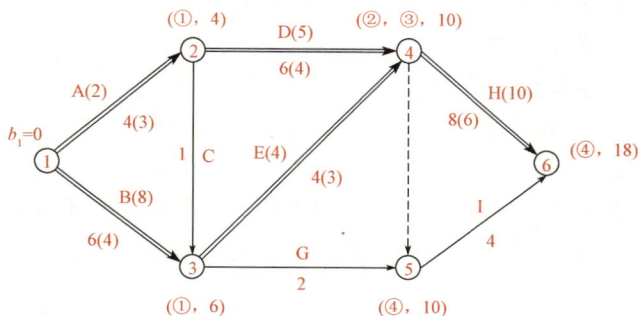

图 2-22　第一次压缩后的网络计划

（3）第二次优化。

1）需要缩短的时间 $\Delta T_2 = 18 - 15 = 3$。

2）选择压缩对象。在图 2-22 所示网络计划中，有以下五个压缩方案：

①同时压缩工作 A 和工作 B，组合优选系数为 2+8＝10；

②同时压缩工作 A 和工作 E，组合优选系数为 2+4＝6；

③同时压缩工作 B 和工作 D，组合优选系数为 8+5＝13；

④同时压缩工作 D 和工作 E，组合优选系数为 5+4＝9；

⑤单独压缩工作 H，优选系数为 10。

在上述压缩方案中，选择同时压缩工作 A 和工作 E 的方案，即选择方案 2。

3)确定工作 A 和工作 E 可压缩的时间。

$$\Delta t = \min(D_n^a - D_c^a, \ D_n^e - D_c^e, \ TF_{\min}^f, \ \Delta T_2) = \min(4-3, \ 4-3, \ 1, \ 3) = 1$$

4)确定新的计算工期和关键线路，如图 2-23 所示。此时，关键线路仍为两条，即①→②→④→⑥和①→③→④→⑥，工期 $T_2 = 17$。

5)由于此时计算工期为 17，仍大于要求工期，故需继续压缩。

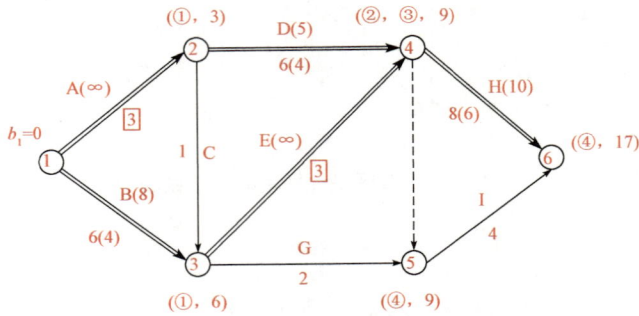

图 2-23　第二次压缩后的网络计划

(4)第三次优化。

1)需要压缩的时间 $\Delta T_3 = 17 - 15 = 2$。

2)选择压缩对象。此时，在图 2-23 中关键工作 A 和 E 的持续时间已达最短，不能再压缩，只有两个方案可供选择。

①同时压缩工作 B 和工作 D，组合优选系数为 8+5=13；

②压缩工作 H，优选系数为 10。

在上述方案中，选择压缩工作 H。

3)确定工作 H 可压缩的时间。

$$\Delta t = \min(D_n - D_c, \ TF_{\min}^f, \ \Delta T_1) = \min(2, \ 2, \ 2) = 2$$

4)确定新的计算工期和关键线路，如图 2-24 所示。此时，计算工期为 15，已等于要求工期，故图 2-24 所示网络计划即为优化方案。

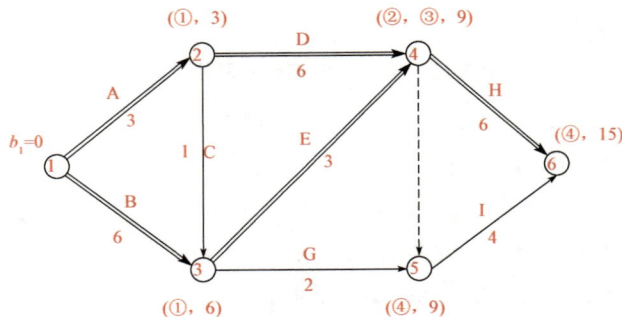

图 2-24　工期优化后的网络计划

本任务阐述了网络计划技术的相关概念，双代号网络计划、双代号时标网络计划和单代号网络计划的绘制规则和方法，双代号网络图时间参数的计算方法，网络计划优化的类型和优化的基本方法。

网络图是由节点和箭线组成的，用来表示工作流程的有向、有序的网状图形。一个网络图表示一项计划任务。

网络计划是在网络图上加注工作名称及时间参数等而成的进度计划。它是根据既定的施工方法，按统筹安排的原则而编成的一种计划形式。

工作之间的先后顺序关系叫作逻辑关系。逻辑关系包括工艺关系和组织关系。

双代号网络计划是以一条箭线及带编号的两端节点来表示一项工作，在箭线上方标注工作名称，在箭线下方标注工作持续时间的网络计划；双代号时标网络计划是以时间坐标为尺度表示工作的持续时间的双代号网络计划；单代号网络计划是以一个带编号的节点表示一项工作，以箭线表示工作之间的逻辑关系的网络计划。

我国常用的工程网络计划类型包括双代号网络计划、单代号网络计划、双代号时标网络计划和单代号搭接网络计划四类。

网络计划的优化是指在一定的约束条件下，按照既定目标对网络计划进行不断的调整和完善，直到寻找出满意的结果。根据既定目标的不同，网络计划的优化分为工期优化、资源优化和费用优化三类。

📖 复习思考题

一、单项选择题

1. 双代号时标网络计划中不会出现( )。
   A. 竖向工作
   B. 竖向虚工作
   C. 时标轴
   D. 波形线

2. 表达一项计划任务的双代号网络计划可以存在( )。
   A. 波形线
   B. 时标轴
   C. 多个起点节点
   D. 水平虚工作

参考答案

3. 在网络计划中，工作的最迟完成时间应为其所有紧后工作( )。
   A. 最早开始时间的最大值
   B. 最早开始时间的最小值
   C. 最迟开始时间的最大值
   D. 最迟开始时间的最小值

4. 假设工作C的紧前工作为A、B，如果A、B两项工作的最早开始时间分别为6天和7天，持续时间分别为4天和5天，则工作C的最早开始时间为( )天。
   A. 10
   B. 11
   C. 12
   D. 13

5. 在网络计划中，工作P最迟完成时间为55，持续时间为10。其三项紧前工作的最早完成时间分别为25、30、33，那么工作P的总时差为( )。
   A. 22
   B. 12
   C. 15
   D. 20

6. 在某工程双代号网络计划中，工作 N 的最早开始时间和最迟开始时间分别为第 20 天和第 25 天，其持续时间为 9 天。该工作有两项紧后工作，它们的最早开始时间分别为第 32 天和第 34 天，则工作 N 的总时差和自由时差分别为(   )天。

A. 3 和 0   B. 3 和 2   C. 5 和 0   D. 5 和 3

7. 某网络计划中，工作 A 的紧后工作是 B 和 C，B 工作的最迟开始时间是 14，最早开始时间是 10；工作 C 的最迟完成时间是 16，最早完成时间是 14；工作 A 与工作 B 和工作 C 的间隔时间均为 5 天，工作 A 的总时差为(   )天。

A. 3   B. 7   C. 8   D. 10

8. 在双代号时标网络计划中，关键线路是指(   )。

A. 没有虚工作的线路   B. 由关键节点组成的线路

C. 没有波形线的线路   D. 持续时间最长工作所在的线路

9. 某工程网络计划中，工作 M 的总时差和自由时差分别为 5 天和 3 天，该计划执行过程中经检查发现，只有工作 M 的实际进度拖后 4 天，则工作 M 的实际进度(   )。

A. 既不影响总工期，也不影响其后续工作的正常执行

B. 将其紧后工作的最早开始时间推迟 1 天，并使总工期延长 1 天

C. 不影响其后续工作的继续进行，但使总工期延长 1 天

D. 不影响总工期，但使其紧后工作的最早开始时间推迟 1 天

10. 已知某建设工程网络计划中 A 工作的自由时差为 5 天，总时差为 7 天，监理工程师在检查施工进度时只有该工作实际进度拖延，且影响总工期 3 天，则该工作实际进度比计划进度拖延(   )天。

A. 3   B. 5   C. 8   D. 10

二、多项选择题

1. 在网络计划中，工作 P 的最早开始时间为第 2 天，最迟开始时间为第 3 天，持续时间为 4 天，其两个紧后工作的最早开始时间分别为第 7 天和第 9 天，那么工作 P 的时间参数为(   )。

A. 自由时差为 0 天   B. 自由时差为 1 天

C. 总时差为 5 天   D. 总时差为 1 天

E. 与紧后工作时间间隔分别为 0 天和 1 天

2. 在工程网络计划中，判别关键工作的条件是该工作(   )。

A. 工作持续时间最长

B. 自由时差最小

C. 最迟完成时间与最早完成时间的差值最小

D. 总时差为 0

E. 最迟开始时间与最早开始时间的差值最小

3. 在工程网络计划中，关键工作是指(   )的工作。

A. 双代号网络计划中持续时间最长

B. 单代号网络计划中与紧后工作之间时间间隔为零

C. 最迟完成时间与最早完成时间的差值最小

D. 最迟开始时间与最早开始时间的差值最小

E. 双代号时标网络计划中无波形线

4. 在网络计划中，工作 P 的总时差为 5 天，自由时差为 3 天，若该工作拖延了 4 天，那么(　　)。

A. 影响总工期但不影响紧后工作　　　B. 影响紧后工作但不影响总工期

C. 总工期拖后了 1 天　　　　　　　　D. 总工期拖后了 4 天

E. 该工作的紧后工作的最早开始时间拖后了 1 天

5. 施工进度计划的调整包括(　　)。

A. 调整工程量　　　　　　　　　　　B. 调整工作起止时间

C. 调整工作关系　　　　　　　　　　D. 调整工作质量标准

E. 调整工程计划造价

三、思考题

1. 工作和虚工作有什么不同？虚工作有哪些作用？试举例说明。

2. 简述双代号和单代号网络图的绘制规则。

3. 试说明绘制工程双代号网络图的技巧。

4. 用直接绘制法绘制双代号时标网络图应把握哪几个关键问题？

实训练习题

1. 按下列工作的逻辑关系，分别绘制其双代号网络图。

(1)A、B 均完成后做 C、D，C 完成后做 E，D、E 完成后做 F。

(2)A、B 均完成后做 C，B、D 均完成后做 E，C、E 完成后做 F。

(3)A、B、C 均完成后做 D，B、C 完成后做 E，D、E 完成后做 F。

(4)A 完成后做 B、C、D，C、D 完成后做 E，C、D 完成后做 F。

2. 已知某网络图资料见表 2-6，试绘制双代号网络图。

表 2-6　实训练习题 2 资料

工作	A	B	C	D	E	F	G
紧前工作	—	—	A、B	A、B	C	D、E	D

3. 已知某网络计划如图 2-25 所示，箭线下方括号外为正常持续时间，括号内为最短持续时间，假定要求工期为 100 天，根据实际情况并考虑选择应缩短持续时间的关键工作宜考虑的因素，缩短顺序为 B、C、D、E、G、H、I、A，试对该网络计划进行优化。

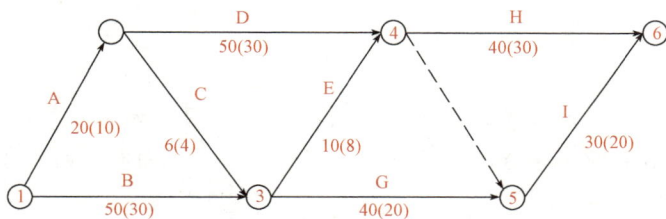

图 2-25　实训练习题 3 图

项目3　建筑施工组织设计

任务3.1　施工组织总设计编制

教学提示

　　本任务主要介绍施工组织总设计的作用、编制程序及依据；重点阐述施工组织总设计的编制内容。

教学要求

　　通过本任务教学，学生应了解施工组织总设计的作用、编制程序及依据；熟悉施工组织总设计的编制内容；重点掌握施工总进度计划和施工总平面布置的内容。

施工组织总设计是以一个建设项目或建筑群为对象，根据初步设计或扩大初步设计图纸及其他有关资料和现场施工条件编制，用以指导整个施工现场各项施工准备和组织施工活动的技术经济文件。一般由建设总承包单位或工程项目经理部的总工程师编制。

■ 3.1.1　施工组织总设计的作用

(1)为建设项目或建筑群的施工工作出全局性的战略部署；
(2)为施工准备工作、保证资源供应提供依据；
(3)为建设单位编制工程建设计划提供依据；
(4)为施工单位编制施工组织设计和单位工程施工组织设计提供依据；
(5)为组织整个施工作业提供科学方案和实施步骤；
(6)为确定设计方案的施工可行性和经济合理性提供依据。

■ 3.1.2　施工组织总设计的编制依据

(1)计划文件及有关合同；
(2)设计文件；
(3)工程勘察和调查资料；
(4)现行规范、规程、有关技术标准和类似工程的参考资料。

■ 3.1.3　施工组织总设计编制程序

施工组织总设计编制程序如图 3-1 所示。

■ 3.1.4　施工组织总设计的编制内容

施工组织总设计的内容视工程性质、规模、建筑结构的特点、施工的复杂程度、工期要求及施工条件不同而不同，通常包括下列内容：
(1)建设项目的工程概况；
(2)施工部署及主要建筑物或构筑物的施工方案；
(3)施工总进度计划；
(4)全场性施工准备工作计划及各项资源需要量计划；
(5)全场性施工总平面图设计；
(6)各项技术经济指标；
(7)结束语。

1. 工程概况

工程概况是对整个建设项目的总说明和总分析，是对拟建项目或建筑群所作的一个简明扼要、重点突出的文字介绍。一般包括下列内容：

(1)建筑项目的特点。建设项目的特点主要说明建设地点、工程性质、建设总规模、总投资、总期限及分期分批投入使用的规模和期限；占地总面积、建筑面积及主要项目工程量；生产流程及其工艺特点；建筑结构类型特征，新技术、新工艺的复杂程度；建筑总平

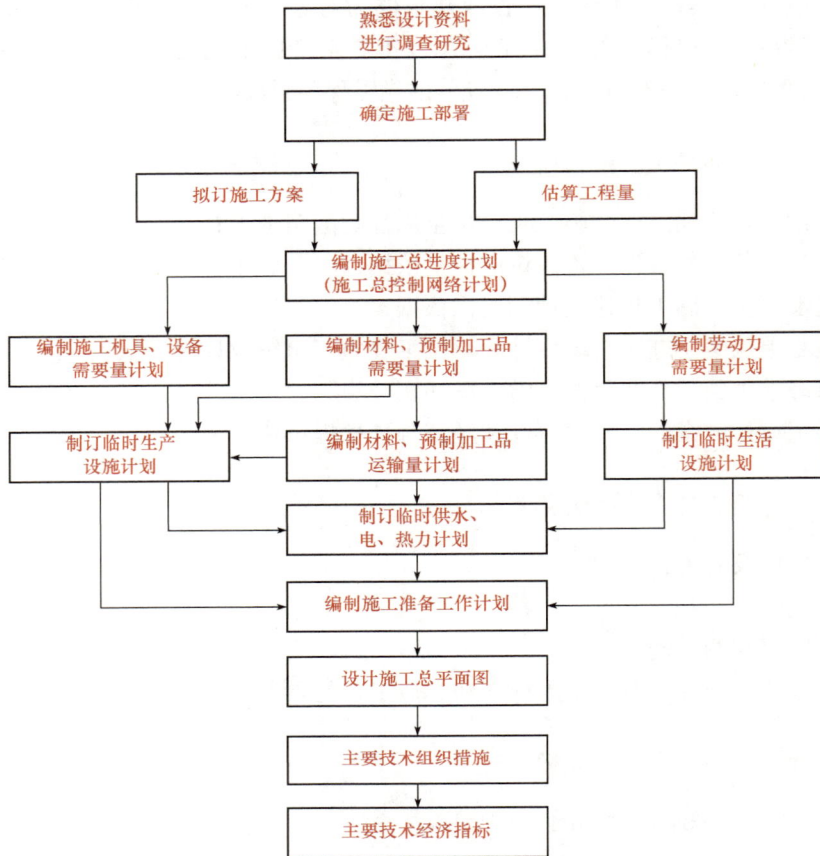

图 3-1 施工组织总设计编制程序

面图(包括竖向设计、房屋坐标、高程)和各单位工程设计交图日期及已定的设计方案;主要分部分项工程量等内容。

(2)建设地区特征。建设地区特征主要说明气象、地形、地质和水文情况,当地资源情况,交通运输情况,水、电及其他动力情况,劳动力和生活设施情况,地方建筑企业情况等内容。

(3)施工条件及其他内容。施工条件主要说明各参与施工单位的生产能力、管理能力、技术水平、施工经验等,以及主要设备、材料和特殊物资供应情况等内容。

其他内容主要说明有关建设项目的决议和协议,土地征用范围、数量和居民搬迁时间情况等。

2. 施工部署与重点工程项目施工方案

施工部署与施工方案是施工组织总设计的核心部分,是决定整个建设项目的关键。在施工组织总设计中,一般应包括施工任务的组织和安排,重点单位工程的施工方案、主要分部分项工程的施工方法和"三通一平"规划等内容。

(1)施工任务的组织和安排。一个建设项目或建筑群是由若干幢建筑物和构筑物组成的。为完成整个建设项目的施工任务，应明确机构体制，建立统一的工程指挥系统，确定综合的或专业的施工组织，划分各施工单位(承包商)的任务项目和施工区段，明确主攻项目和穿插施工项目及其建设期限。

(2)重点单位工程的施工方案。重点单位工程的施工方案主要是根据设计方案和指定采用的新结构、新技术、新工艺来确定的。拟订重点单位工程施工方案的目的是为了进行技术和资源的准备工作，同时也是为了施工的顺利开展及合理的现场布置。具体的施工方案可在编制单位工程施工组织设计时确定。

(3)主要分部分项工程的施工方法。主要分部分项工程一般是指工程量大、占用工期长、对工程质量起关键作用的工程，如土石方、砌体、混凝土、钢筋混凝土结构、钢结构、设备安装、管道等工程。因此，在确定主要分部分项工程的施工方法时，应结合建设项目的特点和当地的实际情况，尽可能地采取工厂化、机械化的施工方法。

1)工厂化施工。按照实行建筑工业化的方针和逐步扩大预制装配化程度，积极采用先进的生产和施工工艺，努力进行墙体技术改革，妥善安排钢筋混凝土构件生产、木材加工、木制品加工、混凝土搅拌、金属构件加工、机械修理和砂、石、灰的生产等。其安排要点如下：

①充分利用本地区的永久性预制加工厂生产大批量的标准构件。

②当本地区缺少永久性预制加工厂，或其生产能力不能满足需要时，可考虑设置现场临时性预制加工厂。

③大型构件(如柱、屋架、托架、天窗架等)及就近没有预制加工厂而要生产的中型构件(如各种钢筋混凝土梁等)，一般宜现场就地预制。

总之，上述安排要因地制宜，采取工厂预制和现场就地制作相结合的措施，经分析比较后选定，并编制预制构件加工计划。

2)机械化施工。机械化施工就是努力提高施工机械化程度，在充分利用并发挥现有机械能力的基础上，针对薄弱环节，制订配套和改造更新的规划，增添新型的高效节能机械，以提高机械动力的装备程度，扩大机械化施工范围。在安排和选用机械时，应注意以下几点：

①主导施工机械的型号和性能既要满足构件质量和外形尺寸、房屋外形尺寸及施工条件的要求，又能充分发挥其工作效率。

②辅助配套施工机械的性能和生产效率要与主导施工机械相适应。

③工程量大时，宜选用专用机械；工程量小时，宜选用一机多用的机械。

④工程量大又集中时，应选用大型固定的机械设备；施工面大又分散时，宜选用移动灵活的机械。

⑤尽量使机械在几个项目上进行流水作业，以减少装、拆、运的时间。

⑥注意贯彻土洋结合、大中小型机械相结合的方针等。

(4)"三通一平"规划。在建设项目施工用地范围内，修通道路，接通施工用水、用电和平整好施工场地，一般简称"三通一平"。"三通一平"规划是施工准备工作的重要内容，也是单位工程开工的必要条件。对一个建设项目或建筑群而言，全场性"三通一平"应有计划、有步骤、分阶段地进行，在施工组织总设计中应作出规划。

1)施工道路。施工道路是组织大量物资进场的运输动脉，在施工组织总设计中应对现场内外施工道路作出规划。首先，必须接通场地外主要干道，使之与国家、地方公路干线和各仓库、材料堆场等相连，尽量减少中间转运，节约运输费用；其次，要接通场内临时道路，并尽量利用拟建的永久性道路。为了使施工时不损坏路面和加快修筑速度，可以先做路基，待建设工程完毕后再做路面。

2)现场用水和排水。施工现场的"水通"包括两个方面的内容，即保证施工中生产、生活、消防用水的供给和地面水的排放。

在施工组织总设计中对给水管网和排水系统应作出规划。首先，给水管网应与永久性供水系统相结合进行铺设，既要保证使用方便，又要尽量缩短管线，节约费用；其次，现场地面排水也十分重要，尤其是在雨量大、雨期又长的地区，施工现场积水将影响施工的正常进行，主要干道排水设施的规划应与永久性工程相结合，临时性道路及施工现场排水可挖排水沟。

3)现场用电。现场用电主要包括施工动力用电和照明用电两种。如果在电力系统供电地区内，只需与供电部门联系获得电源即可；在电力系统供电不足或不能供给时，则应考虑自行发电。

4)平整场地。平整场地规划是按建筑总平面中确定的高程（或标高），通过地形图或测量的方法确定的自然高程（或标高），计算确定挖土和填土数量，设计土方调配方案，组织人力或机械进行施工的规划。规划时，要尽量做到挖填平衡，就近调运，节约费用。

3. 施工总进度计划

(1)基本要求。施工总进度计划是施工现场各项施工活动在时间上和空间上的体现，是根据施工部署中的施工方案和施工项目开展的程序，对整个工地的所有施工项目作出时间上和空间上的安排。编制施工总进度计划的基本要求是：保证拟建工程在规定的期限内完成，发挥投资效益、施工的连续性和均衡性，节约施工费用。

施工总进度计划的作用在于确定各个建筑物及其主要工种、分项工程、准备工作和全工地性工程的施工期限及开工和竣工的日期，从而确定所需劳动力、原材料、成品、半成品、施工机械的数量和调配，以及现场临时设施的数量、水电供应数量和能源、交通的需要数量等。

(2)施工总进度计划的编制原则。

1)在保证劳动力、物资以及资金消耗量最小的情况下，合理安排施工顺序，按规定工期完成施工任务；

2)采用合理的施工方法，使建设项目的施工保持连续、均衡、有节奏地进行；

3)在计划全年度施工任务时，要尽可能按季度均匀分配基本建设投资。

(3)施工总进度计划的内容。

1)计算主要工程项目的工程量。主要工程项目工程量计算应根据建设项目的特点，分以下两步进行：

①划分项目。项目的划分不宜过多，应突出重点，主要的工程项目单独列出，次要的同类型项目可以合并。

②计算各主要工程项目的工程量。工程量的计算应按初步设计或技术设计图纸及各种定额手册进行。在缺少定额手册时，可参考已建的类似工程资料。

常用的定额手册资料有以下几种：万元、十万元投资工程量、劳动力及材料消耗扩大指标；概算指标和扩大结构定额；标准设计和已建的类似工程资料。

2)确定各主要单位工程的施工工期。影响单位工程施工工期的因素很多，如建筑类型、结构特征、施工技术、机械化施工程度、劳动力和物资供应情况、组织管理水平、施工条件等。因此，主要单位工程的施工工期应根据现场具体条件，结合上述影响因素综合考虑后确定。一般情况下，可以参考国家有关的工期定额。

3)确定各主要单位工程的开、竣工时间和相互间的搭接关系。在解决这一问题时，应充分注意以下几点：

①根据使用要求和施工可能性，结合物资供应情况及施工准备条件，分期、分批地组织施工，并明确每个施工阶段的主要施工项目和开、竣工时间。

②同一时期的开工项目不应过多，以免人力、物力分散。对于在生产(或使用)上有重大意义的主体工程，工程规模较大、施工难度较大、施工周期较长的项目，以及需要先期配套使用或可供施工使用的项目(如部分运输、动力系统，办公室，宿舍等)应尽早安排。

③充分估计设计出图时间和材料、构件、设备的到货情况，使每个施工项目的施工准备、土建施工、设备安装和调试生产(运转)的时间能合理衔接。

④确定一些调剂项目，如办公楼、宿舍、附属或辅助车间等，在保证工程项目的前提下更好地实现均衡施工。

⑤做好土方、劳动力、施工机械、材料和构件的综合平衡，使土建工程中主要分部分项工程(土方、基础、现浇混凝土、构件预制、结构吊装、砌筑和装修等)和设备安装工程实行连续、均衡地流水施工。

⑥在施工顺序安排上，一般应先地下后地上，先深后浅，先干线后支线，先地下管线后筑路。在场地平整的挖方区，应先平整场地，后挖管线土方；在填方区，应由远至近，先铺设管线，后平整场地。另外，要考虑季节影响，大规模土方开挖和深基础施工应避开雨季；寒冷地区入冬前应做好围护结构，冬期施工以安排室内作业和结构安装为宜。

4)编制施工总进度计划。施工总进度计划(横道图形式)见表3-1。

表3-1 施工总进度计划(横道图形式)

序号	项目名称	结构类型	建筑面积/m²	工作量/万元	工期	××年				××年			
						一	二	三	四	一	二	三	四

4. 各项资源需要量及施工准备工作计划

(1)各项资源需要量计划是做好劳动力及物资的供应、平衡、调度、落实的依据，其内容包括以下几个方面：

1)综合劳动力需要量计划。劳动力需要量计划是规划临时设施工程和组织劳动力进场的依据。编制时，首先根据工程量汇总表中分别列出的各个建筑物的主要实物工程量，查预算定额或有关资料，便可得到各个建筑物主要工种的劳动量；再根据施工总进度计划表的各单位工程各工种的持续时间，即可得到某单位工程在某段时间里的平均劳动力数。按同样方法可计算出各个建筑物各主要工种在各个时期的平均工人数。

2)材料、构件及半成品需求量计划。根据工程量汇总表中所列各建筑物的工程量，查预算定额或有关资料，便可得到各个建筑物所需材料、构件及半成品需求量。然后根据施工总进度计划表，大致算出某些建筑材料在某一时间内的需要量，从而编制出材料、构件及半成品需求量计划(表3-2)。

表3-2　主要材料、构件和半成品的需求量计划

序号	材料名称	规格	单位	需求量	材料进场计划							
					××年				××年			
					一	二	三	四	一	二	三	四

3)施工机具需求量计划。主要施工机具的需要量是根据施工总进度计划、主要建筑物施工方案和工程量，并套用机械产量定额求得。其内容包括：

①主要施工机械，如塔式起重机、挖土机、起重机等的需求量，并套用机械产量定额求得；

②根据运输量确定运输机械的需求量；

③最后编制施工机具需求计划(表3-3)。

表3-3　主要施工机具、设备需求计划表

序号	机具名称	规格	单位	需求量	来源	进场时间	备注

(2)施工准备工作计划。为了落实各项施工准备工作，加强检查和监督，必须根据各项施工准备工作的内容、时间和人员，编制出施工准备工作计划(表3-4)。

表3-4　施工准备工作计划表

| 序号 | 准备工作项目 | 简要内容 | 负责单位 | 负责人 | 起止日期 | | 备注 |
					开始	结束	

5. 施工总平面图

施工总平面图是拟建项目施工场地的总平面布置图。它是按照施工方案和施工总进度计划的要求，将施工现场的交通道路、材料仓库、附属企业、临时房屋、临时水电管线等作出合理的规划布置，从而正确处理全工地施工期间所需各项临时设施和永久建筑以及拟建项目之间的空间关系。

(1)施工总平面图的设计内容。

1)建设项目建筑总平面图上一切地上、地下建筑物、构筑物以及其他设施的位置和尺寸。

2)为全工地施工服务的所有临时设施的布置，包括：①施工用地范围，施工用的各种道路；②加工厂、搅拌站及有关机械的位置；③各种建筑材料、构件、半成品的仓库和堆场的位置，取土、弃土位置；④行政管理用房、宿舍、文化生活和福利设施等；⑤水源、电源、变压器位置，临时给水排水和供电、动力设施；⑥机械站、车库位置；⑦安全、消防设施等。

3)永久性测量及半永久性测量放线桩标桩位置。

(2)施工总平面图的设计原则。

1)在保证施工顺利进行的前提下，应紧凑布置。

2)合理布置各种仓库、机械加工厂位置，减少场内运输距离，尽可能避免二次搬运，减少运输费用，并保证运输方便、通畅。

3)施工区域的划分和场地的确定，应符合施工流程要求，尽量减少专业工种和各工程之间的干扰。

4)充分利用已有的建筑物、构筑物和各种管线，凡拟建永久性工程能提前完工，并为施工服务的，应尽量提前完工，并在施工中代替临时设施；临时建筑可采用拆移式结构。

5)各种临时设施的布置应有利于生产和方便生活。

6)应满足劳动保护、安全和防火要求。

7)应注意环境保护。

(3)施工总平面图的设计依据。

1)各种设计资料和建设地区自然条件及技术、经济条件。

2)建设项目的概况、施工部署和主要工程的施工方案、施工总进度计划。

3)各种建筑材料、构件、半成品、施工机械和运输工具需要量一览表。

4)各构件加工厂、仓库等临时建筑一览表。

5)其他施工组织设计参考资料。

(4)施工总平面图的设计方法。

设计步骤：引入场外交通道路→布置仓库→布置加工厂混凝土砖搅拌站→布置内部运输通道→布置临时房屋→布置临时水、供电管网和其他动力设施→绘制正式施工总平面图。

1)场外交通的引入。场外交通主要有铁路、水运、公路运输三种方式。组织场外运输时根据实际情况综合运用。

①当采用铁路运输方式时，应将建筑总平面图中的永久性铁路专用线提前修建，为工程施工服务；专用铁路线宜从工地的一侧或两侧引入，引入时应考虑铁路的转弯半径和坡度问题，并确定起点和进场位置。

②当采用公路运输方式时，由于汽车线路可以灵活布置，因此公路布置应与仓库及加工厂的布置结合进行，并与场外道路连接。

③当采用水路运输方式时，应充分利用原有码头，卸货码头不应少于两个；如需增设码头，码头宽度应大于2.5 m。当江河距工地较近时，可在码头附近布置主要仓库和加工厂。

2)仓库的布置。通常考虑设置在运输方便、位置适中、运距较短并且安全防火的地方，并应根据不同材料、设备和运输方式来设置。

①仓库的类型。工地仓库是建筑工地储存物资的临时设施，按其使用性质可分为中心仓库、周转仓库、加工厂仓库及现场仓库四种类型。中心仓库是专供整个建筑工地所需材料、设备、预制加工品等物资储存的仓库。周转仓库是货物转载地点的仓库，如设在码头、火车站等的周转仓库。加工厂仓库是专供加工厂储存物资的仓库。现场仓库是指设在施工现场直接为施工服务的材料、构件储存仓库。

按其性质和重要程度，又可分为封闭式仓库、半封闭式仓库和露天堆场三种形式。

②仓库的布置。布置仓库时，应注意以下几点：

a. 仓库一般应接近使用地点，其纵向宜与线路平行，装卸时间长的仓库不宜靠近路边；

b. 当采用铁路运输时，宜沿铁路线布置中心仓库和周转仓库；

c. 当采用公路运输时，仓库布置较灵活，应尽量使用永久性仓库为施工服务，也可在施工现场设置现场仓库；

d. 当采用水路运输时，如工地靠近江河，可在码头附近设置中心仓库、周转仓库及加工厂仓库；

e. 水泥仓库和砂、石堆场应布置在搅拌站附近，砖、预制构件应直接布置在垂直运输设备或用料地点附近；

f. 钢筋、木材仓库应布置在其加工厂附近；

g. 油料、氧气、电石等仓库应布置在偏远、人少的安全地点，易燃材料仓库要设置在拟建工程的下风向；

h. 车库、机械站应布置在现场入口处；

i. 工具库应布置在加工区与施工区之间交通方便处；

j. 工业建设项目的设备仓库或堆场应尽量设置在拟建车间附近等。

3)加工厂和搅拌站的布置。加工厂布置方式有集中布置、分散布置、集中和分散布置相结合三种。由于建设工程的性质、规模、施工方法不同，建筑工地需要的临时加工厂也不相同，一般有混凝土搅拌站及预制构件、钢筋、木材加工厂等。布置时，应使材料、构件的总运输费用最小，并使其有较好的生产条件，生产与建筑施工互不干扰；通常把相互之间联系较多的加工厂集中布置在施工区域附近。

①混凝土搅拌站的布置可采用集中式、分散式和集中与分散式相结合三种形式。一般说来，当运输条件较好时，宜集中布置；当运输条件较差时，宜分散布置。随着建筑业的发展，现在大多数城市都设有商品混凝土搅拌站，工地则可不考虑布置搅拌站。

②预制构件加工厂一般布置在工地边缘。

③钢筋加工厂若采用集中布置方式，一般宜设置在混凝土预制构件加工厂及主要施工项目附近。

④对于产生有害气体和污染环境的加工厂，如沥青熬制、石灰熟化等，一般应布置在施工场地下风向处。

4) 场内运输道路的布置。施工现场的主要道路必须进行硬化处理，主干道应有排水措施。临时道路要把仓库、加工厂、堆场和施工点贯穿起来，按货运量大小设计双行干道或单行循环道，以满足运输和消防要求。主干道宽度，单行道不小于 4 m，双行道不小于 6 m。木材场两侧应有 6 m 宽通道，端头处应有 12 m×12 m 回车场，消防车道不小于 4 m，载重车转弯半径不宜小于 15 m。场内运输道路应根据各类仓库、加工厂及施工对象的相对位置，研究货物周转运行图，分析出各段道路上的运输负担，区分开主要道路、次要道路及临时性道路，然后进行规划。

布置时应注意以下几点：

①按建筑总平面图要求，尽量利用永久性道路，或提前修筑永久性道路的路基，待工程完工后再修筑路面。

②尽量将道路布置为直线，以提高车辆运输速度；连接仓库、加工厂等的主要道路宜按双行环形路线布置，次要道路则按单行支线布置。

③尽量避开二期扩建工程及地下管线工程等。

5) 行政与生活福利临时建筑的布置。工地所需临时生活设施的布置应注意以下几点：

①尽可能利用已建的永久性房屋为施工服务；如不足，再修建临时房屋。临时房屋应尽量利用可装拆的活动房屋，有条件的应使生活及办公区和施工区相对独立。宿舍内应保证有必要的生活空间，室内净高不得小于 2.4 m，通道宽度不得小于 0.9 m，每间宿舍居住人数不得超过 16 人。

②办公用房宜设在工地入口处。

③作业人员宿舍一般宜设在场外，并避免设在不利于健康的地方。作业人员用的生活福利设施，宜设在人员较集中的地方，或设在出入必经之处。

④食堂宜布置在生活区，也可视条件设在施工区与生活区之间。为减少临时建筑，也可采用送餐制。

6) 临时供水管网的布置。当有可以利用的水源，可以将水直接引入工地，临时水池应放在地势较高处。

当无法利用现有水源时，可以利用地下水或地上水设置临时供水设备。施工现场供水管网有环状、枝状和混合式三种形式。过冬的临时水管须埋在冰冻线以下或采取保温措施。

7) 临时供电线防洪的布置。临时供电业务包括总用电量的计算、电源的选择、变压管的选择、导线截面计算、配电线段布置四个方面。

(5) 施工总平面图的绘制。施工总平面图是施工组织总设计的主要内容，绘制步骤如下：

1) 确定图幅大小和绘图比例。图幅大小和绘图比例应根据建设项目的规模、工地大小及布置内容多少来确定。

2) 合理规划和设计图面。

3) 绘制建筑总平面图的有关内容。

4) 绘制工地需要的临时设施。

5) 形成总平面图。

6. 技术经济指标

技术经济指标包括工期指标、劳动生产率指标、质量指标、安全指标、降低成本指标、主要工程工种机械化程度、三大材料节约指标等。

📖 任务小结

本任务阐述了施工组织总设计的作用、编制依据和程序，重点对其编制内容进行详细分析。通过此节，学生可以掌握施工组织总设计的整个编制流程。

📖 复习思考题

一、单项选择题

1. 施工组织总设计的编制依据不包括(　　)。
   A. 计划批准文件及有关合同的规定
   B. 设计文件及有关规定
   C. 建设地区的工程勘察资料
   D. 单位工程施工组织设计

参考答案

2. 施工部署编制内容不包括(　　)。
   A. 确定项目开展程序　　　　　B. 施工任务划分与组织安排
   C. 制定管理程序　　　　　　　D. 拟定核心工程的施工方案

3. 编制施工组织总设计时，需要进行：①全部工程施工部署；②主要工种工程量的计算；③编制主要资源供应计划；④编制施工总进度计划。对上述四项工作的正确程序是(　　)。
   A. ②→③→①→④　　　　　　B. ②→①→④→③
   C. ②→①→③→④　　　　　　D. ④→②→③→①

4. 施工组织总设计中要拟定一些核心工程项目，核心工程项目是指(　　)。
   A. 工程量小　　　　　　　　　B. 施工工期短
   C. 影响全局的特殊分项工程　　D. 影响紧后工作最早开始的工程

5. 编制施工准备工作总计划不包括(　　)。
   A. 编制劳动力需求计划
   B. 水、电来源及其引入方案
   C. 落实建筑材料、加工品、构(配)件的货源和运输储存方式
   D. 组织新材料、新技术、新工艺试验和人员培训

二、多项选择题

1. 施工组织总设计的主要作用有(　　)。
   A. 为建设项目或项目群的施工作出全局性的战略部署
   B. 为确定设计方案的施工可行性和经济合理性提供依据
   C. 作为单位工程施工全过程各项活动的经济文件
   D. 为做好施工准备工作、保证资源供应提供依据

2. 施工组织总设计的编制内容包括(　　　)。
   A. 施工总进度计划　　　　　　　B. 施工资源需要量计划
   C. 施工方案　　　　　　　　　　D. 施工总平面图和主要技术经济指标
   E. 施工准备工作计划
3. 施工部署中应解决(　　　)问题。
   A. 确定项目开展程序　　　　　　B. 拟订各工程项目的施工方案
   C. 明确施工任务划分与组织安排　D. 编制施工准备工作计划
   E. 编制工程概况
4. "三通一平"是指(　　　)。
   A. 水通　　　　　B. 路通　　　　　C. 电通
   D. 平整场地　　　E. 气通

三、简答题

1. 施工组织总设计的编制内容和编制依据是什么?
2. 施工总平面布置图的布置内容和布置原则是什么?
3. 施工总平面图的设计步骤是什么?
4. 场内运输道路的布置应注意哪些问题?
5. 施工组织总设计中,如何做好"三通一平"的规划?

实训练习题

寻找某一项目的施工组织总设计文件。

任务 3.2　单位工程施工组织设计编制

教学提示

本任务主要介绍单位工程施工组织设计的编制依据、编制程序;重点阐述单位工程施工组织设计中施工方案的设计和施工平面布置。

教学要求

通过本任务教学,学生应了解单位工程施工组织设计的编制依据和编制程序;熟悉单位工程施工组织设计的编制内容;重点掌握施工方案的设计和施工平面布置的内容、布置原则、组织步骤。

单位工程施工组织设计是由承包单位编制的,用以指导其施工全过程施工活动的技术、组织和经济的综合性文件。它的主要任务是根据编制施工组织设计的基本原则、施工组织总设计和有关原始资料,结合实际施工条件,从整个建筑物或构筑物的施工全局出发,进行最优施工方案设计，确定科学合理的分部分项工程之间的搭接与配合关系，设计符合施工现场情况的施工平面布置图，从而达到工期短、质量好、成本低的目标。

■ 3.2.1 单位工程施工组织设计的编制依据 ··

(1)工程承包合同；

(2)施工图纸及设计单位对施工的要求；

(3)施工企业年度生产计划对该工程的安排和规定的有关指标；

(4)施工组织总设计或大纲对该工程的有关规定和安排；

(5)建设单位可能提供的条件和水、电供应情况；

(6)资源配备情况；

(7)施工现场条件和勘察资料；

(8)预算或报价文件和有关规程、规范等资料。

■ 3.2.2 单位工程施工组织设计的编制程序 ··

单位工程施工组织设计的编制程序如图 3-2 所示。

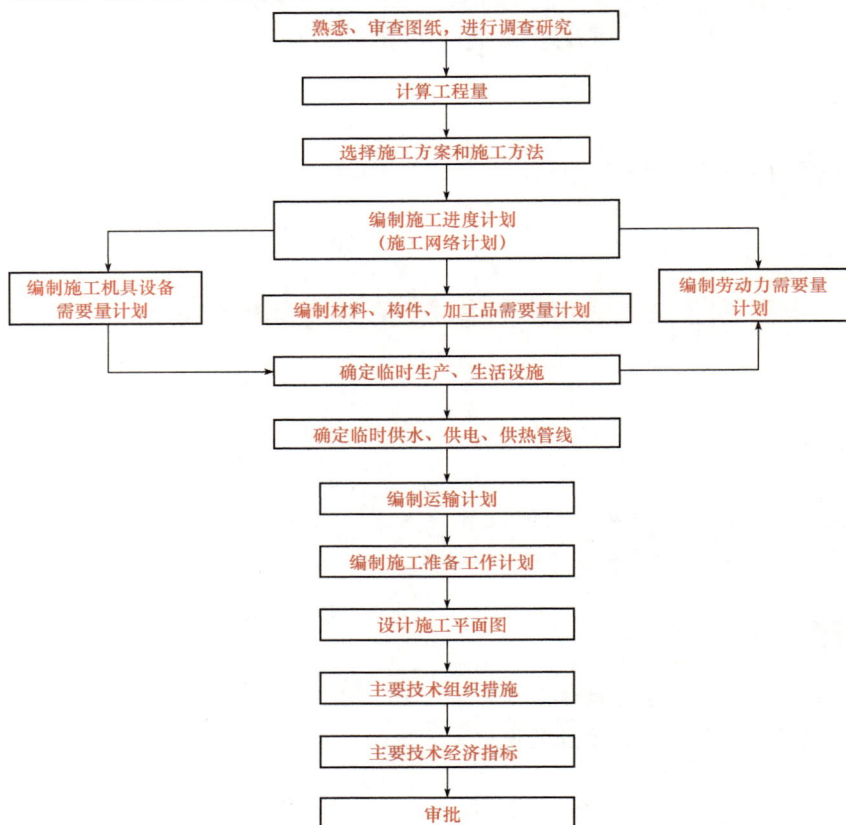

图 3-2 单位工程施工组织设计的编制程序

■ 3.2.3 单位工程施工组织设计的编制内容 ··

单位工程施工组织设计的内容，依工程规模、性质、施工复杂程度的不同而有所不同，但较完整的内容通常包括：

(1)工程概况和施工特点分析；

(2)施工方案设计；

(3)单位工程施工进度计划；

(4)单位工程施工准备工作计划；

(5)劳动力、材料、构件、施工机械等需要量计划；

(6)单位工程施工平面图；

(7)主要技术组织措施；

(8)各项技术经济指标。

1. 工程概况和施工特点分析

工程概况和施工特点分析是对拟建工程的工程特点、地点特征和施工条件等所作的一个简要、突出重点的介绍。其内容主要包括：

(1)工程建设概况。工程建设概况主要介绍拟建工程的建设单位、工程名称、性质、用途、作用、资金来源及工程投资额、开竣工日期、设计单位、施工单位、施工图纸情况、施工合同、主管部门的有关文件或要求、组织施工的指导思想等。

(2)工程建设地点特征。一般需说明：拟建工程的位置、地形、工程地质和水文地质条件、不同深度土壤的分析、冻结期间与冻结厚度、地下水水位、水质、气温、冬雨期施工起止时间、主导风向、风力等。

(3)建筑、结构设计概况。

1)建筑设计特点。一般需说明：拟建工程的建筑面积、平面形状和平面组合情况、层数、层高、总高、总宽、总长等尺寸及室内外装修的情况。

2)结构设计特点。一般需说明：基础类型、埋置深度、主体结构的类型、预制构件的类型及安装位置等。

(4)施工条件。一般需说明：水、电、道路及场地的"三通一平"情况，现场临时设施及周围环境，当地交通运输条件，预制构件生产及供应情况，施工企业机械、设备和劳动力的落实情况，劳动组织形式和内部承包方式等。

(5)工程施工特点分析。概括指出单位工程的施工特点和施工中的关键问题，以便在选择施工方案、组织资源供应、技术力量配备以及施工准备上采取有效措施，保证施工顺利进行。

工程概况表格形式见表3-5。

2. 施工方案

施工方案的选择是单位工程施工组织设计的重要环节，是决定整个工程全局的关键。其内容一般包括：确定各分部分项工程的施工顺序；确定主要分部分项工程的施工方法和选择适用的施工机械；制订主要技术组织措施；进行流水施工。

表 3-5　工程概况

建设单位				建筑结构				建筑装修	
勘察单位		层数			楼板			外粉	
设计单位		基础			屋架			内粉	
监理单位		墙体			吊车梁			楼面	
施工单位		柱						地面	
建筑面积		梁						顶棚	
工程造价		模板						门窗	
计划	开工时期							地质情况	
	竣工日期								
编制程序	上级文件和要求							地下水水位	
	施工图纸情况								
	合同签订情况							气温	
	土地征购情况								
	三通一平落实情况							雨量	
	主要材料落实程度								
	临时设施解决办法							其他	
	其他								

(1)施工顺序的确定。施工顺序是指工程开工后分部分项工程施工的先后次序。确定施工顺序既是为了按照客观的施工规律组织施工，也是为了解决工种之间的合理搭接，在保证工程质量和施工安全的前提下，选择出既符合客观规律又经济合理的施工顺序。

1)确定施工顺序应遵循的基本原则。

①先地下、后地上。施工时，通常应首先完成管道、管线等地下设施、土方工程和基础工程，然后开始地上工程施工。但采用逆作法施工时除外。

②先主体、后围护。施工时应先进行框架主体结构施工，然后进行围护结构施工。

③先结构、后装饰。施工时先进行主体结构施工，然后进行装饰工程施工。但是，随着新建筑体系的不断涌现和建筑工业化水平的提高，某些装饰与结构构件均在工厂完成。

④先土建、后设备。先土建、后设备主要是指一般的土建与水暖电卫等工程的总体施工程序，是先进行土建工程施工，然后再进行水暖电卫的施工。

以上原则不是一成不变的，在特殊情况下，如在冬期施工之前，应尽可能完成土建和围护工程，以利于施工中的防寒和室内作业的开展，从而达到改善工人的劳动环境、缩短工期的目的。

2)确定施工顺序的基本要求。确定施工顺序时应遵循施工程序，施工顺序应在不违背施工程序的前提下确定。

①必须符合施工工艺的要求。施工顺序应与施工工艺顺序相一致。如现浇柱的施工顺序为：绑钢筋→支模板→浇筑混凝土→养护→拆模。

②必须与施工方法协调一致。如预制柱的施工顺序为：支模板→绑钢筋→浇筑混凝土→养护→拆模。

③必须考虑工期和施工组织的要求。如室内外装饰工程的施工顺序。

④必须考虑施工质量要求。安排施工顺序时，要以保证和提高工程质量为前提，影响工程质量时，要重新安排施工顺序或采取必要的技术措施，如外墙装饰安排在屋面卷材防水施工后进行；楼梯抹面最好自上而下进行，以保证质量。

⑤必须考虑当地的气候条件。如冬期和雨期施工到来之前，应尽量先做基础工程、室外工程、门窗玻璃工程，为地上和室内工程施工创造条件。

⑥考虑施工安全要求。在立体交叉、平行搭接施工时，一定要注意安全问题。

【例 3-1】 多层混合结构民用房屋的施工顺序。

【解】多层混合结构居住房屋的施工，通常可划分为基础工程、主体结构工程、屋面及装饰工程三个阶段，如图 3-3 所示。

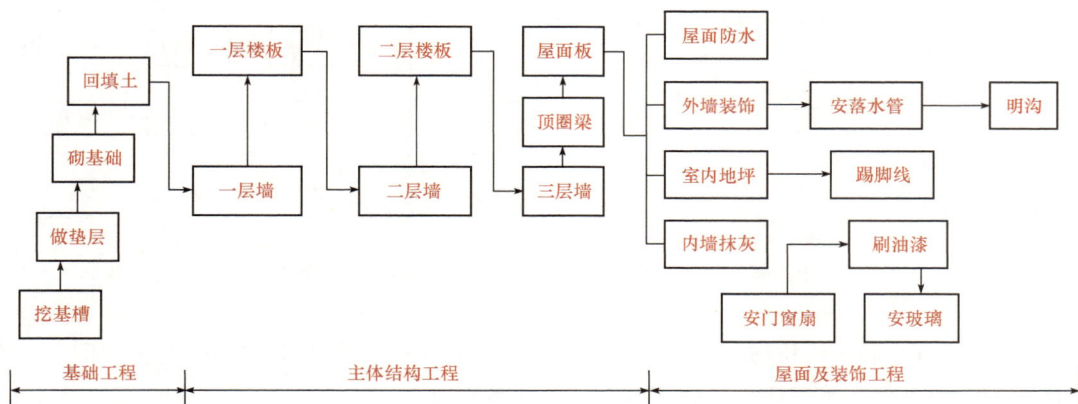

图 3-3 多层混合结构民用房屋的施工顺序

【例 3-2】 高层现浇混凝土结构综合商住楼的施工顺序。

【解】由于采用的结构体系不同，其施工方法和施工顺序也不尽相同。下面以墙柱结构采用滑模施工方法为例加以介绍。

主体工程施工顺序(液压模逐层空滑现浇楼板工艺)，如图 3-4 所示。

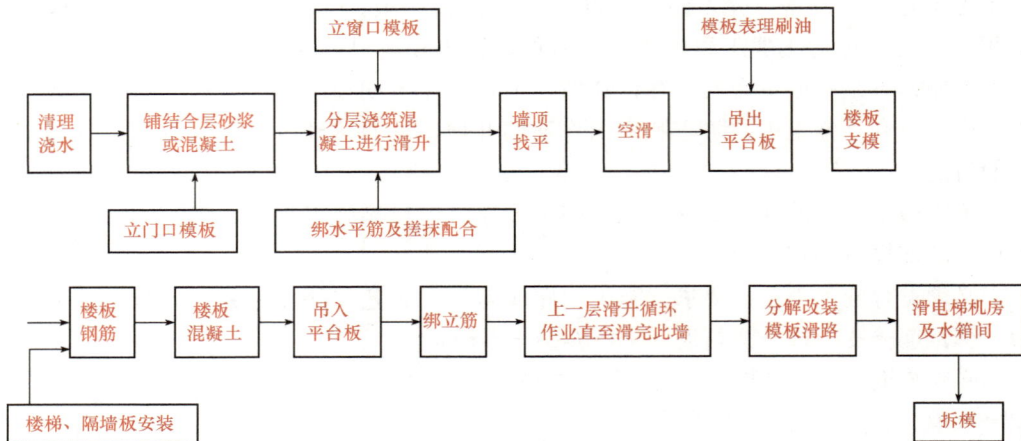

图 3-4 高层现浇混凝土结构综合商住楼的施工顺序

【例 3-3】 装配式钢筋混凝土单层工业厂房的施工顺序。

【解】 如图 3-5 所示，施工顺序可分为：基础工程、预制工程、安装工程、围护工程和装饰工程五个主要分部工程。

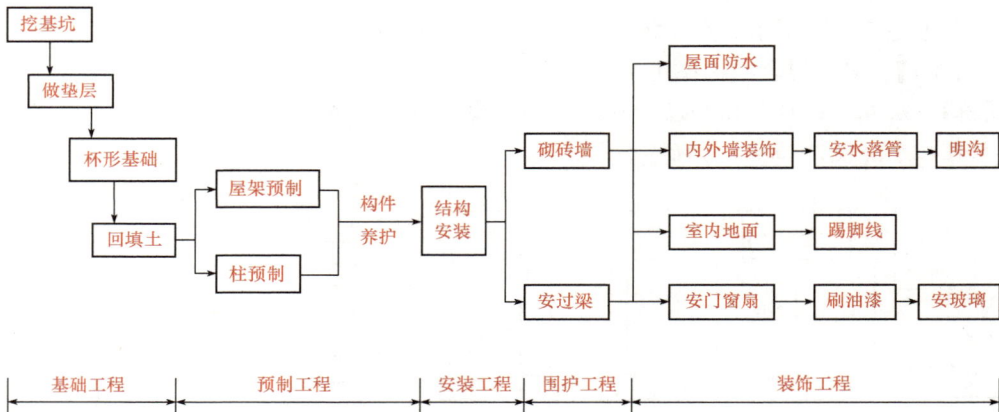

图 3-5 装配式钢筋混凝土单层工业厂房的施工顺序

(2)施工方法和施工机械选择。施工方法和施工机械选择是施工方案中的关键问题。它直接影响施工进度、施工质量、施工安全以及工程成本。

1)选择施工方法和施工机械的主要依据。编制施工组织设计时，必须根据工程的建设结构、抗震要求、工程量大小、工期长短、资源供应情况、施工现场条件和周围环境，制订出可行方案，并进行技术经济比较，确定最优方案。

2)选择施工方法和施工机械的基本要求。

①应主要考虑分部分项工程的要求。

②应符合施工组织总设计的要求。

③应满足施工技术的要求。

④应考虑如何符合工厂化、机械化施工的要求。

⑤应符合先进、合理、可行、经济的要求。

⑥应满足工期、质量、成本和安全的要求。

3)主要分部分项工程的施工方法和施工机械的选择。

①土石方工程。

a. 计算土石方工程的工程量,确定土石方开挖或爆破方法,选择土石方施工机械。

b. 确定土壁放边坡的坡度系数或土壁支撑形式以及板桩打设方法。

c. 选择排除地面水、地下水的方法,确定排水沟、集水井或井点布置方案所需设备。

d. 确定土石方平衡调配方案。

②基础工程。

a. 浅基础的垫层、混凝土基础和钢筋混凝土基础施工的技术要求,以及地下室施工的技术要求。

b. 桩基础施工的施工方法和施工机械选择。

③砌筑工程。

a. 墙体的组砌方法和质量要求。

b. 弹线及皮数杆的控制要求。

c. 确定脚手架搭设方法及安全网的挂设方法。

d. 选择垂直和水平运输机械。

④钢筋混凝土工程。

a. 确定混凝土工程施工方案:滑模法、升板法或其他方法。

b. 确定模板类型及支模方法,对于复杂工程还需进行模板设计和绘制模板放样图。

c. 选择钢筋的加工、绑扎和焊接方法。

d. 选择混凝土的制备方案,如采用商品混凝土还是现场拌制混凝土;确定搅拌、运输、浇筑顺序和方法,以及泵送混凝土和普通垂直运输混凝土的机械选择。

e. 选择混凝土搅拌、振捣设备的类型和规格,确定施工缝留设位置。

f. 确定预应力混凝土的施工方法、控制应力和张拉设备。

⑤结构安装工程。

a. 确定起重机械类型、型号和数量。

b. 确定结构安装方法(如分件吊装法还是综合吊装法),安排吊装顺序、机械位置和开行路线及构件的制作、拼装场地。

c. 确定构件运输、装卸、堆放方法和所需机具设备的规格、数量和运输道路要求。

⑥屋面工程。

a. 屋面工程各个分项工程施工的操作要求。

b. 确定屋面材料的运输方式和现场存放方式。

⑦装饰工程。

a. 各种装饰工程的操作方法及质量要求。

b. 确定材料运输方式及储存要求。

c. 确定所需机具设备。

⑧现场垂直运输、水平运输及脚手架等搭设。

a. 明确垂直运输和水平运输方式、布置位置、开行路线，选择垂直运输及水平运输机具型号和数量。

b. 根据不同建筑类型，确定脚手架所用材料、搭设方法及安全网的挂设方法。

4)选择施工机械时应注意的问题。

①应首先根据工程特点选择适宜的主导工程施工机械。

②各种辅助机械应与直接配套的主导机械的生产能力协调一致。

③在同一建筑工地上的建筑机械的种类和型号应尽可能少。

④尽量选用施工单位的现有机械，以减少施工的投资额，提高现有机械的利用率，降低工程成本。

⑤确定各个分部工程垂直运输方案时应进行综合分析，统一考虑。

3. 单位工程施工进度计划

单位工程施工进度计划是指在选定施工方案的基础上，根据规定工期和各种资源供应条件，按照施工过程的合理施工顺序及组织施工的原则，用横道图或网络图，对单位工程从开始施工到工程竣工，全部施工过程的时间上和空间上的合理安排。

(1)施工进度计划的作用。

1)安排单位工程的施工进度，保证在规定工期内完成符合质量要求的工程任务；

2)确定单位工程中各个施工过程的施工顺序、持续时间、相互衔接和合理配合关系；

3)为编制季度、月、旬生产作业计划提供依据；

4)为编制各种资源需要量计划和施工准备工作计划提供依据。

(2)施工进度计划的表示方法。施工进度计划一般用图表来表示，通常有两种形式，即横道图和网络图。

(3)编制依据。

1)经过审批的建筑总平面图、地形图、单位工程施工图、工艺设计图、设备基础图、采用的标准图集以及技术资料；

2)施工组织总设计对本单位工程的有关规定；

3)施工工期要求及开、竣工日期；

4)施工条件，如劳动力、材料、构件及机械的供应条件，分包单位的情况等；

5)主要分部分项工程的施工方案；

6)劳动定额及机械台班定额；

7)其他有关要求和资料。

(4)单位工程施工进度计划的编制步骤。

1)熟悉、审查图纸，研究有关资料，调查施工条件。施工单位(承包商)技术负责人在收到施工图纸及有关技术资料后，应及时组织工程技术人员及有关工人全面熟悉和详细审查图纸，并组织设计、建设、监理、施工等单位有关工程技术人员进行图纸会审。

在彻底熟悉图纸、弄清设计意图和要求的基础上，研究有关技术资料，勘察施工现场，调查施工条件，为编制施工进度计划做好准备工作。

2)确定施工过程项目名称,并编排合理的施工顺序。编制施工进度计划时,首先要按施工图和施工顺序将单位工程的各个施工过程列出,将其逐项填入施工进度计划表的"施工过程名称"栏内,其项目包括从准备工作直至交付使用的所有土建、水、暖、电、卫及设备安装等内容。

施工过程的确定主要取决于施工进度计划的需要。一般情况下,对于控制性施工进度计划,其施工过程可以粗一些,只列出分部工程项目即可。

对于指导性、实施性的施工进度计划,其施工过程应尽可能细一些,特别是对主导施工过程和主要分部工程,要求更具体详细,以便于控制进度,指导施工。

此外,施工过程的划分还要结合施工方法、施工条件、劳动组织等因素进行综合考虑。划分施工过程总的原则是尽量减少施工过程,能够合并的施工过程尽可能予以合并。凡是在同一时期内由同一工作队来完成的若干施工过程可以合并,否则应当分列。对于次要的零星项目,可合并到"其他工程"中,在计算劳动量时给予适当考虑即可。土建施工进度中,水、暖、电、卫及设备安装等施工项目,只要表明其与土建施工的配合关系,一般不必细列,其施工进度计划一般由安装单位根据土建施工进度计划单独编制。

3)计算工程量。施工过程确定后,应当根据施工图和有关工程量计算规则计算其工程量。计算工程量时应注意以下几个问题:

①注意工程量的计量单位。特别是直接利用预算文件中的工程量时,如果施工定额中某些项目工程量的计量单位与预算定额的计量单位不同,则应使各个施工项目工程量的计量单位与所采用的施工定额一致,以便于计算劳动量、材料、机械台班时直接套用定额。

②注意结合施工方法和满足安全技术要求。工程量的计算与实际采用的施工方法应一致,使计算工程量与施工实际工程量相符,以便客观、真实地反映施工进度,指导施工。

③注意施工组织要求。根据施工组织要求,工程量计算应按照施工组织分区、分段、分层地计算工程量。

4)确定施工过程所需劳动量和机械台班需要量。施工过程的劳动力需要量和机械台班需要量的计算,应根据现行施工定额(劳动定额及机械台班定额),并结合当地的具体情况和实际施工水平来确定。

设某施工过程项目的工程量为 Q_i,若用 S_i、H_i 分别表示该施工过程的产量定额和时间定额,则该施工过程所需劳动量或机械台班量应为

$$P_i = \frac{Q_i}{S_i} \tag{3-1}$$

或
$$P_i = Q_i H_i \tag{3-2}$$

式中　P_i——某施工过程所需劳动量(工日),或机械台班需要量(台班);

Q_i——该施工过程的工程量(m^3、m^2、m、t 等);

S_i——该施工过程的产量定额(m^3/工日、m^2/工日、m/工日、t/工日等);

H_i——该施工过程的时间定额(工日/m^3、工日/m^2、工日/m、工日/t 等)。

5)确定工作班制。在进行施工组织设计时,因施工工艺要求或施工进度要求等,经常要进行工作班制的确定。采用两班制或三班制,可以大大地加快施工进度,提高建筑机械

使用效率，但也会因现场照明和工人福利等方面的原因使施工费用相应增加，同时也会与某些施工项目本身的技术间歇问题相矛盾等。所以，除了因工艺要求必须连续施工或由于工期和工作面限制等原因必须采用两班制或三班制工作外，一般情况下，宜采用一班制工作。

6）确定施工过程的持续天数、施工班组人数和机械台班数。计算方法有以下三种：

①按照施工单位现有人力、物力以及施工工作面的要求，安排施工过程的持续天数，这种方法称为"定额计算法"。

$$T_i = \frac{P_i}{R_i b} \tag{3-3}$$

式中　T_i——某施工过程持续时间（d）；

　　　P_i——该施工过程所需劳动量（工日），或机械台班需要量（台班）；

　　　R_i——该施工过程所配备班组人数（人），或机械台班数（台班）；

　　　b——每天采用的工作班制（一～三班制）。

②按照已定施工工期倒排进度，确定施工过程持续时间，反算出每天所需班组人数和机械台班数，这种方法称为"倒排计划法"。其计算公式如下：

$$R_i = \frac{P_i}{T_i b} \tag{3-4}$$

式中　R_i——某施工过程所配备班组人数（人）；或机械台班数（台班）；

　　　P_i——该施工过程所需劳动量（工日）；或机械台班需要量（台班）；

　　　T_i——该施工过程持续时间（d）；

　　　b——每天采用的工作班制（一～三班制）。

③综合产量定额或综合时间定额计算法。当某分项工程由几个部分组成时，如砌体工程有砌内墙、砌外墙，各产量定额不同时，也可采用综合产量定额或综合时间定额计算法。

7）设计单位工程施工进度计划。

①水平图表法。水平图表法（又称横道图），是通常采用的一种方法。这种方法的优点在于比较简单实用，能直观地反映各施工过程的开始及结束时间，为目前大多数施工人员所接受和应用。其编制方法及步骤如下：

a. 首先找出并安排控制工期的主导分部工程，然后安排其余分部工程，并使其与主导分部工程最大限度地平行或搭接施工。

b. 在主导分部工程中，首先安排主导分项工程，然后安排其余分项工程，并使其与主导分项工程平行进行而不致影响主导分项工程的实施。

c. 所有分部分项工程初步安排后，就可以根据各项计算数据并在水平图表右边表格上直接画出初步的单位工程施工进度计划。

d. 检查、调整初步的单位工程施工进度计划。

ⓐ施工顺序的检查与调整。检查施工进度计划中各个施工过程的先后顺序是否合理，主导施工过程是否最大限度地平行或搭接施工，其余施工过程是否平行进行，是否影响主导施工过程的实施，以及各施工过程中技术、组织、时间间歇是否满足要求等。如有错误之处，应予以修改或调整。

ⓑ检查、调整施工工期。施工进度计划安排的施工工期首先应满足上级规定或施工合同要求的工期，其次应具有较好的经济效果。如有不合理之处，应予以修正或调整。

ⓒ检查、调整资源消耗的均衡性。检查施工进度计划中的劳动力、材料、机械等供应与使用情况，力求做到均衡，避免过于集中或过于分散。劳动力消耗动态图一般画在施工进度水平图表中对应的施工进度计划的下方。劳动力消耗的均衡性可用均衡系数来表示，如图3-6(a)中劳动力出现短时期的高峰，说明短期要集中较多的人力，这就要求相应地增加为工人服务的各种临时设施，增加与工人人数有关的间接费用，说明劳动力的消耗不均衡。图3-6(b)中劳动力出现长时间的低陷，说明较长时间内要减少一定的劳动力，此时，如果工人不调出就要发生窝工现象；如果工人调出，则原先为这些工人服务的临时设施又不能充分利用，这也说明劳动力消耗不均衡。图3-6(c)中劳动力出现短期的，甚至是很大的低陷，这是允许的。

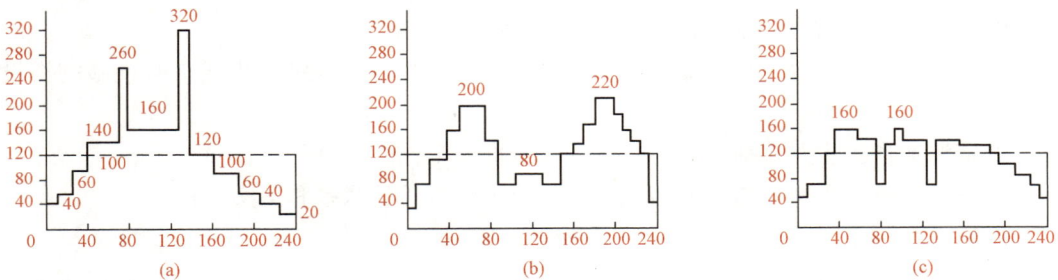

图3-6 劳动力消耗动态图
(a)短时间高峰；(b)长时间低陷；(c)短时间低陷

②网络计划法。随着计算机在管理领域的普及以及相关软件的发展，横道图和网络图完全可以由计算机来绘制。用计算机绘制横道图和网络图不仅比人工绘制精确度高，图样美观，更重要的是，方便我们在计算机中调整网络计划、计算资源消耗量等。

目前，绘制横道图和网络图有很多专业软件，比如梦龙系列软件、PKPM系列软件、翰文系列软件等。这些专业软件功能强大，通常可以绘制较复杂工程的横道图和网络图，也可以进行不同施工进度表示方法之间的切换。篇幅所限，此类专业软件在此不多作介绍。对于较小的工程，项目简单、工期要求不十分严格，我们也可采用一些通用的软件，如Excel、WPS表格等软件来绘制，前提是首先要绘制出施工进度计划横道图或网络图的草图，再用计算机绘制。

③水平图表法与网络计划法的比较。采用水平图表法设计施工进度计划的方法，是目前常用的编制方法，其特点是简单、直观、实用，但是也存在着不少缺点。首先，不能反映各施工过程之间的相互制约和相互依赖关系；其次，不能明确施工过程的关键环节和次要环节；第三，不能计算各施工过程的各项时间指标，即不能指出在总工期不变的情况下哪些施工过程有机动时间，也不能指出计划安排的潜力有多大，等等。

这些缺点说明水平图表法不能显示整个施工过程内部的本质联系，主要矛盾与次要矛盾分不清，不利于抓住主要矛盾，也即不利于计划的检查和执行，计划的指导作用也不能充分发挥。

4. 单位工程施工准备工作计划

为了保证施工进度计划的实施，应根据已确定的施工方案、施工方法及进度计划要求，编制施工准备工作计划。施工准备工作通常以计划表格形式表示，见表3-6。

表3-6　施工准备工作计划

序号	准备工作项目	简要内容	负责单位	负责人	起止日期		备注
					开始	结束	

其主要内容包括：

(1)技术准备。主要包括熟悉与会审图纸，编制和审定施工组织设计，编制施工预算、各种物资计划申请，新技术项目的试验、试制等。

(2)现场准备。主要包括拆除障碍物、测量放线、"三通一平"、现场临时设施的搭设等内容。

(3)资源准备。主要包括劳动力及各种物资准备工作。

(4)其他准备。主要指与专业施工及协作施工等有关的联系和落实工作。

5. 劳动力、材料、构件、施工机械等需要量计划

根据施工进度计划的要求，编制各种资源需要量计划，不仅是为了保证进度的实施要求，同时也是做好各种资源的供应、调配、平衡、落实的依据。其主要内容有：

(1)劳动力需要量计划。劳动力需要量计划格式见表3-7，其主要作用是用于平衡、调配劳动力和安排生活福利设施，同时也是衡量劳动力耗用指标的依据。其编制方法是将单位工程施工进度计划表内所列各施工过程每天(或旬、月)所需工人人数按工种汇总。

表3-7　劳动力需要量计划

序号	工种名称	需用总工日数	需用人数及时间																备注
			×月			×月			×月			×月			×月			
			上	中	下	上	中	下	上	中	下	上	中	下	上	中	下	

(2)主要材料需要量计划。主要材料需要量计划格式见表3-8，它是掌握备料情况和组织备料，确定仓库和堆场面积及组织运输的依据。其编制方法是将施工进度计划表中各施工过程的工程量结合预算定额中各个施工过程所需材料名称、规格、数量、使用时间进行计算汇总。

(3)构件需要量计划。构件需要量计划格式见表3-9，它是与加工生产单位签订加工供应协议，确定仓库、堆场面积及组织运输的依据。一般包括钢构件、木构件、钢筋混凝土构件等不同种类构件的需要量计划。其编制方法也是根据施工进度计划及施工图的工程量，并结合预算定额中各施工过程所需构件名称、规格、数量、使用时间等进行计算汇总。

表 3-8　主要材料需要量计划

序号	材料名称	规格	需要量	需要时间												备注
				×月			×月			×月			×月			
				上	中	下	上	中	下	上	中	下	上	中	下	

表 3-9　构件或加工半成品需要量计划

序号	构件、加工半成品名称	图号和型号	规格尺寸	单位	数量	要求供应起止日期	备注

（4）施工机具设备需要量计划。施工机具设备需要量计划格式见表 3-10，它是落实机具设备来源，组织机具设备进场的依据。其编制方法是根据确定的施工方案、施工方法及施工进度计划要求，将施工所需的各种机械设备和机具的名称、规格、型号、数量及使用时间等进行汇总。

表 3-10　施工机具设备需要量计划

序号	机具名称	规格	单位	需要数量	使用起止时间	备注

（5）工程运输计划。工程运输计划格式见表 3-11，其主要作用是组织运输力量，保证货源进场。其编制方法是根据材料、构件和加工品、半成品、机具设备计划，结合货源地点及施工进度计划要求进行编制。

表 3-11　工程运输计划

序号	需运项目	单位	数量	货源	运距	运输量	所需运输工具			需用起止时间
							名称	吨位	台班	

6. 施工平面图

单位工程施工平面图是对拟建的一幢建筑物（或构筑物）的施工现场所作的平面规划或布置图。它是施工组织设计的主要组成部分，是现场组织施工的依据，是施工准备工作的一项内容，也是实现现场文明施工的基本保证。

（1）施工平面图设计的内容、依据和原则。

1）单位工程施工组织设计平面图的内容。

①已建及拟建的永久性房屋、构筑物及地下管道。

②材料仓库、堆场，预制构件堆场，现场预制构件制作场地布置，钢筋加工棚，木工房，混凝土搅拌站，砂浆搅拌站，化灰池，沥青锅，生活及行政办公用房等。

③临时道路、可利用的永久性或原有道路。

④临时水电管网、变压站、加压泵房、消防设施、临时排水沟管、围墙、传达室。

⑤起重机开行路线及轨道铺设，固定垂直运输工具或井架位置，起重机回转半径。

⑥测量轴线及定位线标志，永久性水准点位置，土方取弃场地。

2)施工平面图设计的依据。

①建筑总平面图、施工总平面图、施工图纸；

②现场地形图，包括一切已有的有关建筑物和拟建建筑物及地下设施的位置、标高、尺寸；

③本工程施工方案、施工方法、施工进度计划；

④各种建筑材料、半成品的供应计划及运输计划；

⑤各种临时设施的性质、形式、面积和尺寸；

⑥各种加工厂规模、现场施工机械和运输工具的数量；

⑦水源、电源及建筑区域的竖向设计资料；

⑧与本工程有关的设计资料等。

3)施工平面图设计的原则。

①在保证施工顺利的前提下，布置要紧凑，占地省，不占或少占农田；

②尽量减少临时设施的搭设；

③在保证运输方便的情况下，尽量降低运输费用，做到短运输、少搬动，避免二次搬运；

④要符合劳动保护、技术安全、防火及环境保护的要求等。

（2）施工平面图的设计方法和步骤。施工平面图设计步骤如图 3-7 所示。

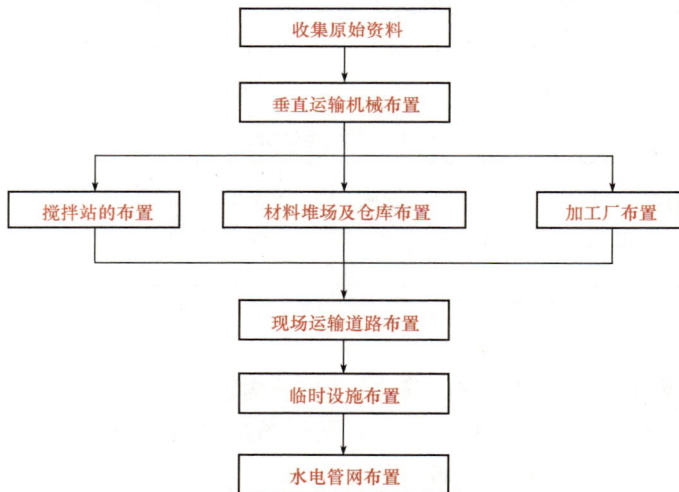

图 3-7　施工平面图设计步骤

1)起重垂直运输机械位置的确定。起重垂直运输机械的位置将直接影响仓库、材料、构件堆场、砂浆和混凝土搅拌站、道路以及水电管网等的布置。

①塔式起重机的布置。塔式起重机是具有起重吊装、垂直运输、水平运输能力的大型机械设备，已被广泛应用。在施工平面图设计时，其布置应遵循下列基本原则：

a. 塔式起重机一般沿建筑物长度方向布置。塔式起重机布置的位置、方向、距离取决于建筑物的平面形状；高度取决于建筑物高度及吊装构件的技术要求；轨道距离建筑物的要求，取决于轨道一侧凸出建筑物的雨篷、阳台、挑檐等尺寸以及外脚手架搭设的尺寸，同时还取决于塔式起重机的型号、性能、轨距、构件质量、回转半径和高度、现场地形及施工用地的范围大小等。

塔式起重机沿建筑物长度方向单侧布置的平面、立面如图 3-8 所示。这时，其回转半径 R 应满足下式要求：

$$R \geqslant B + D \qquad\qquad (3-5)$$

式中　R——塔式起重机最大回转半径(m)；

　　　B——建筑物平面最大宽度(m)；

　　　D——轨道中心线与外墙中心线的距离(m)。

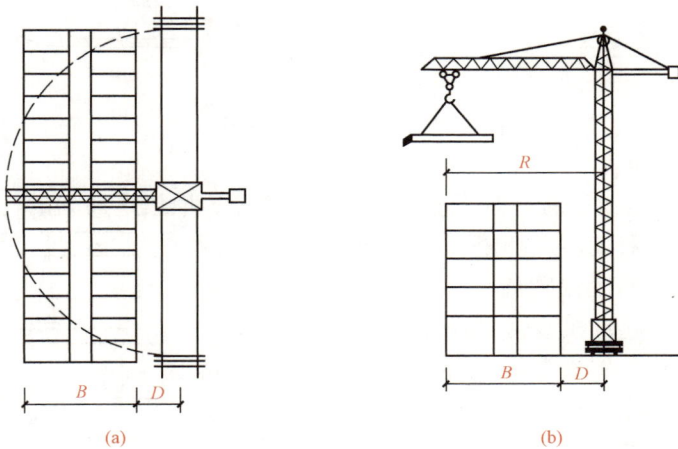

图 3-8　塔式起重机单侧布置示意图
(a)平面；(b)立面

　　b. 复核塔式起重机起重量、回转半径及起重高度三者能否满足建筑物的构件吊装技术要求。当塔式起重机位置及尺寸基本确定以后，应复核塔式起重机起重量、回转半径及起重高度三项技术参数，三者必须满足构件吊装的技术要求。若不能满足时，则可以调整式(3-5)中 D 的距离；如果 D 已是最小极限安全距离时，则应采取其他技术措施。

　　c. 绘出塔式起重机服务范围。绘制塔式起重机服务范围，通常以塔式起重机轨道两端为圆心，以最大回转半径为半径画出两个半圆形，再连接两个半圆，即为塔式起重机服务范围，如图 3-9 所示。

　　如图 3-10 所示，塔式起重机最佳服务状况是将建筑物平面包含在塔式起重机服务范围以内，以保证各种材料、构件等能直接吊装到建筑物的设计部位上或吊运到需要的地点，这样可以大大提高塔式起重机的工作效率，加快施工进度。由于建筑物平面形状及场地限制等原因，有时建筑物的一部分可能在塔式起重机服务范围以外，这部分通常称为吊装"死角"。

　　d. 布置塔式起重机位置，宜选择在场地较宽的一面。在施工现场条件允许的情况下，

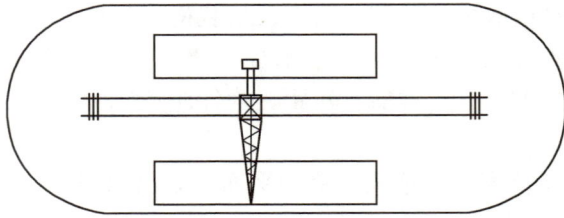

图 3-9　塔式起重机服务范围

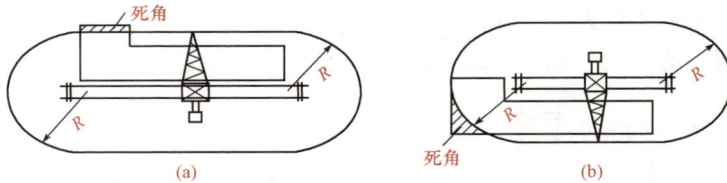

图 3-10　塔式起重机服务状况

应优先考虑选择在场地较宽的一面，这样可以布置道路、堆放重而大的构件、布置混凝土搅拌机等，以求最大限度地发挥塔式起重机的工作效率和缩短场内的运输距离。当构件运至现场后，能利用塔式起重机直接卸车堆放或吊装就位；混凝土料斗位置在服务半径以内，塔式起重机可以直接挂钩起吊，并运至使用地点，这样可大大提高施工的效率和速度。塔式起重机布置方案如图 3-11 所示。

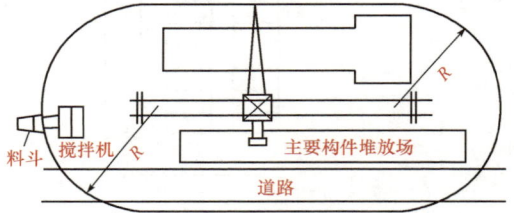

图 3-11　塔式起重机布置方案

e. 塔轨路基必须坚实可靠，两旁应有排水沟及有关措施。在满足施工要求的条件下，要缩短塔轨铺设长度；特殊情况下，塔轨可以转弯，其弯曲半径不小于 5 m，并应有相应的技术与安全措施。

f. 施工方案选择两个或两个以上塔式起重机施工，以及配备井架施工时，则应考虑是否有碰撞的可能性；同时，塔式起重机各自服务范围要明确，塔臂回转时不能碰撞井架或缆风绳，并应拟订有关组织与安全措施。

②固定式垂直运输设备的布置。布置固定式垂直运输设备，主要根据机械性能、建筑物的平面形状和大小、施工段的划分、材料和构件堆场、道路情况而定。其目的是充分发挥其垂直运输能力，并使地面和楼面上的水平运距最小。

一般情况下，布置固定式垂直运输设备应考虑下列因素：

a. 当建筑物各部位的高度相同时，布置在施工段的分界线附近；

b. 当建筑物各部位的高度不同时，布置在高低分界线附近；

c. 尽量布置在有窗口的部位，以避免砌墙时留槎或减少井架、门架拆除后的修补工作；

d. 布置固定式垂直运输设备时，卷扬机的位置不应距离起重机过近，以便使司机的视线能够看到整个提升过程。

固定式垂直运输设备的台数一般由施工段数确定。在组织交叉施工，工期较紧，垂直运输量太大或采用分段施工时，应先计算其运输数量，然后按机械运输能力确定其台数，如图 3-12 所示。

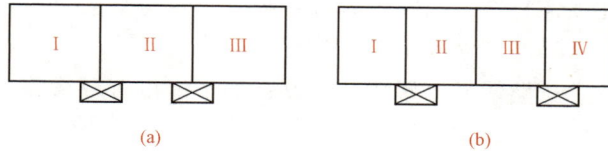

图 3-12　井架布置

③自行式起重机的布置。自行式起重机主要是指汽车式起重机(简称汽车吊)、履带式起重机(简称履带吊)等。根据确定的施工方案与施工方法，主要是解决其行驶路线问题。

自行式起重机的行驶路线要根据建筑物的平面形状和高度、构件重量、堆放场地及吊装顺序、吊装方法等因素确定。

2)搅拌站、材料及构件堆场的布置。搅拌站、材料及构件堆场的位置应尽量靠近使用地点或起重机起重能力范围内，并考虑到运输和装卸方便。

①搅拌站的布置。搅拌站的布置主要是解决砂浆机及混凝土搅拌机的位置以及采用的型号、规格、数量问题。

根据施工方案与施工方法，结合施工进度计划要求，布置搅拌站时主要考虑以下问题：

a. 搅拌站应尽可能布置在距使用地点运距最短的地点；

b. 搅拌站最好布置在运输干线上，且与场外运输干线通畅，以保证大量砂、石顺利地进场；

c. 搅拌站场地周边应设置排水系统，以便进行设备的清洗和污水的排放，确保现场文明施工；

d. 搅拌机的型号、规格应根据工程特点、施工方案及进度要求来选择。

②材料、构件堆场的布置。材料、构件堆场的布置是指砂、石、灰、砖等在施工平面上的合理布置。它是根据施工条件、施工方案、施工进度要求，并结合垂直运输机械、搅拌站的位置以及材料的储备量等进行综合考虑而确定的。

布置材料、构件平面位置的原则是尽量缩短运输距离，避免二次搬运，以求提高效率，节约费用。布置其堆场时应注意以下事项：

a. 砂、石堆场应尽量靠近搅拌站；

b. 砖和构件应尽可能地靠近垂直运输机械；

c. 堆场应与施工场地内外运输干线道路通畅；

d. 结合施工进度要求，尽量减少堆场面积，先用先堆，后用后堆；

e. 构件堆场应结合施工进度及运输能力，根据每层楼或每个施工段的施工进度，实行分期、分批配套进场；

f. 大而重的构件应结合施工进度及现场条件将其布置在起重机服务范围内，避免造成二次搬运等。

3)运输道路的布置。现场施工运输道路应按材料、构件运输的需要，沿仓库、堆场进行布置。

①尽量利用已有的道路或拟建永久性道路；

②应满足现场施工所需材料、构件运输的要求；

③应满足消防要求，道路宽度不小于3.5 m；

④为提高运输效率，道路最好布置成环形路；如不能设置环形路，应在路端设置倒车场地。

4)临时设施的布置。单位工程的临时设施可分为生产性临时设施和生活性临时设施两类。生产性临时设施包括各类仓库、加工棚等；生活性临时设施包括行政管理、文化、生活、福利用房等。

①仓库、加工棚等生产性临时设施的布置。仓库、加工棚的位置要根据各自的性质及使用功能来选择合适的地点。仓库、加工棚的面积应根据各个施工阶段的需要及材料储备情况、使用的先后顺序经计算后确定。

②生活性临时设施的布置。为单位工程服务的生活性临时设施一般是很少的，布置的原则是有利施工、使用方便、保证安全、互不干扰。

5)临时供水管网的布置。临时供水管网的布置要经过计算用水量、选择管径及进行布置等环节。布置供水管网时，应注意以下事项：

①布管时，应使管网总长最小。

②要考虑施工期间各管网应具有移动的可能性。

③供水管网应符合防火要求，布置室外消火栓。消火栓距离建筑物不应小于5 m，也不应大于25 m，距离路边不大于2 m。条件允许时，可利用城市或建设单位的永久性消防设施。

④供水管可以明铺，也可以暗铺。

6)临时供电线路的布置。临时供电线路的布置也要经过计算用电量、选择导线及进行布置等环节。布置供电线路时，应符合下列要求：

①尽量利用已有的高压电网及已有变压器。

②线路应尽量架设在道路的一侧，并选择平坦线路；线路距建筑物的水平距离应大于1.5 m；木杆的间距一般为25～40 m；分支线及引入线应由电杆处接出，不得由两杆之间接出。

③临时电杆以及路线的交叉跨越要根据电气施工规范的尺寸要求进行配置和架设。

④各种用电设备实行一机一闸制，不允许一闸多用。

⑤室外配电箱应有防雨措施，安装机具设备应有漏电保护设施等。

(3)施工平面图的绘制。单位工程施工平面图的绘制方法、步骤基本同施工总平面图。其绘制步骤一般如下：

1)确定图幅大小和绘制比例。单位工程施工平面图的图幅大小和绘制比例应根据现场大小、反映内容的多少等因素来确定。一般情况下，可选用2～3号图纸，绘制比例宜为1∶100～1∶200。

2)合理地规划和设计图面。单位工程施工平面图，除了反映现场的范围外，还应反映其周围的地形、地貌、已有房屋或构筑物与道路、水电引接处，特别要反映场内与场外交通出入的地方，并应留有一定空余的图面绘制图例、风玫瑰图、指北针及作必要的文字说明。

3)绘制建筑总平面图的有关内容。按建筑设计的总平面规划，将已有建筑物、构筑物、拟建工程、已有道路等，按确定比例绘制在图面上。

4)绘制现场施工需要的临时设施。一般顺序是：垂直运输机械，现场施工道路，搅拌机、砂浆机等设备构件、材料堆场，生产、生活性临时设施，水电线路及电气设备其他内容。

5)形成施工平面图。在进行各项布置后，经分析比较，调整修改，选定最佳布置方案，形成正式的施工平面布置图，并作必要的文字说明，标上图例、比例、指北针等。

7. 主要的施工技术、质量、安全及降低成本措施

(1)技术措施。对采用新材料、新结构、新技术的工程，以及高耸、大跨度、重型构件、深基础的特殊工程，在施工中应制订相应的技术措施。其内容一般包括：

1)要表明工程的平面、剖面示意图以及工程量一览表；

2)施工方法的特殊要求、工艺流程、技术要求；

3)水下混凝土浇筑及冬、雨期施工措施；

4)材料、构件和机具的特点、使用方法和需要量。

(2)保证和提高工程质量措施。保证质量的关键是对工程施工中经常发生的质量通病制订防治措施。例如，对采用新工艺、新材料、新技术和新结构的工程制订有针对性的技术措施；确保基础质量的措施；保证主体结构中关键部位质量的措施；以及复杂特殊工程的施工技术组织措施等。

(3)确保施工安全措施。保证安全的关键是贯彻安全操作规程，对施工中可能发生的安全问题提出预防措施并加以落实。保证安全的措施主要包括以下几个方面：

1)保证土方边坡稳定的措施；

2)脚手架、吊篮、安全网的设置和防止人员坠落各类洞口的防范措施；

3)外用电梯、井架及塔式起重机等垂直运输机具的拉结要求和防倒塌措施；

4)安全用电和机电设备防短路、防触电措施；

5)易燃、易爆、有毒作业场所的防火、防爆、防毒措施；

6)季节性安全措施，如防洪防雨、防暑降温、防滑、防火、防冻措施；

7)现场周围通行道路及居民安全保护、隔离措施；

8)确保施工安全的宣传、教育及检查等组织工作。

(4)降低工程成本措施。降低成本措施包括提高劳动生产率、节约劳动力、节约材料、节约机械设备费用、节约临时设施费用等方面的措施，它是根据施工预算和技术组织措施计划进行编制的。

1)合理进行土方平衡调配，以节约台班费；

2)综合利用吊装机械，减少吊次，以节约台班费；

3)提高模板安装精度，采用整装整拆，加速模板周转，以便节约木材或钢材；

4)混凝土、砂浆中掺加外加剂或混合料，以便节约水泥；

5)采用先进的钢材焊接技术，以便节约钢材；

6)构件及半成品采用预制拼装、整体安装的办法，以便节约人工费、机械费等。

（5）现场文明施工措施。

1)施工现场设置围栏与标牌，保证出入口交通安全、道路畅通、场地平整、安全与消防设施齐全；

2)临时设施的规划与搭设应符合生产、生活和环境卫生的要求；

3)各种建筑材料、半成品、构件的堆放与管理有序；

4)散碎材料、施工垃圾的封闭运输及防止各种环境污染；

5)及时进行成品保护及施工机具保养。

8. 施工方案的技术经济评价

施工方案的技术经济评价是选择最优施工方案的重要途径。它是从几个可行方案中选出一个工期短、成本低、质量好、材料省、劳动力安排合理的最优方案。

常用的方法有定性分析评价、定量分析评价两种。

（1）定性分析评价。定性分析评价是结合工程施工实际经验，对几个方案的优缺点进行分析和比较。通常主要从以下几个指标来评价：

1)工人在施工操作上的难易程度和安全可靠性；

2)能否为后续工作创造有利施工条件；

3)选择的施工机械设备是否易于取得；

4)采用该方案是否有利于冬、雨期施工；

5)能否为现场文明创造有利条件等。

（2）定量分析评价。定量分析评价是通过对各个方案的工期指标、实物量指标和价值指标等一系列单个的技术经济指标，进行计算对比，从中选择技术经济指标最优方案的方法。

定量分析评价通常分为以下两种方法：

1)多指标分析法。它是用价值指标、实物指标和工期指标等一系列单个的技术经济指标，对各个方案进行分析对比从中选优的方法。定量分析的指标通常有：

①工期指标。当要求工程尽快完成以便尽早投入生产或使用时，选择施工方案就要在确保工程质量、安全和成本较低的条件下，优先考虑缩短工期的方案。

②施工机械化程度指标。它反映施工机械化程度和劳动生产率水平。通常，方案中劳动量消耗越小，施工机械化程度和劳动生产率水平越高。

③主要材料消耗指标。它反映各个施工方案的主要材料节约情况。

④降低成本指标。它是反映施工方案成本高低的指标。

⑤投资额指标。拟订的施工方案需要增加新的投资时，如购买新的施工机械或设备，则需要增加投资额指标进行比较，低者为好。

在实际应用时，可能会出现指标不一致的情况，这时，就需要根据工程具体情况确定。例如工期紧迫，就优先考虑工期短的方案。

2)综合指标分析法。综合指标分析方法是以多指标为基础，将各指标的值按照一定的计算方法进行综合后得到一个综合指标进行评价。

任务小结

本任务主要介绍了单位工程施工组织设计的编制依据、程序和方法。对编制内容中的施工方案、施工进度计划、施工平面布置需要学生重点进行分析和理解。

复习思考题

1. 单位工程施工进度计划有几种表示方法？有何异同？
2. 单位工程施工平面图设计包含哪些内容？
3. 单位工程施工平面图设计有哪些步骤？
4. 单位工程施工平面图中垂直运输设备位置应如何确定？
5. 单位工程施工平面图中给水、供电线路应如何确定？

参考答案

实训练习题

某单位拟建一食堂，设计采用框架结构，地下 1 层，地上 9 层。建筑物外形尺寸为 92 m×21 m，总高度为 21.7 m。东西两侧紧临配电室和锅炉房，南侧马路对面为一球场，场地十分狭小。采用商品混凝土搅拌，运至现场后，卸入混凝土料斗，利用塔式起重机吊至浇筑地点。塔式起重机采用固定式塔式起重机。现场不用再设置混凝土搅拌站，只设一小型砂浆搅拌站。在拟建建筑物的北侧有一道高压电线通过，现场布置如图 3-13 所示。请指出图中不合理布置之处，并进行改正。

参考答案

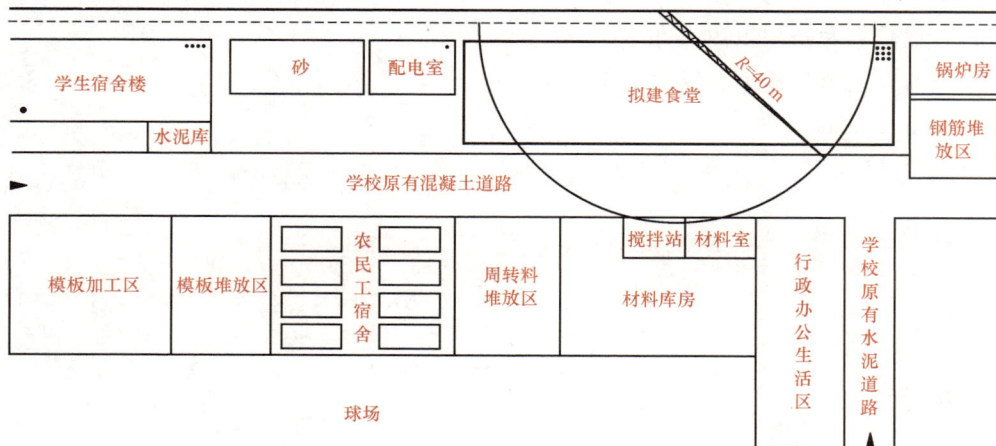

图 3-13　实训练习题图

项目4 建设工程项目准备工作

知识目标

(1)了解施工准备工作的含义。
(2)掌握原始施工资料的收集与整理，明确所需要收集与整理的原始资料的内容。
(3)明确技术资料准备的内容。
(4)掌握施工现场的准备并懂得相关的技术规定。

技能目标

(1)熟悉季节性施工准备工作，能根据季节的不同进行相应的准备工作。
(2)会编写施工准备工作计划和填写开工报告。

素质目标

(1)获取信息和新知识的能力。
(2)培养学生合作能力和探索研究精神。

任务4.1 施工准备工作计划与开工报告

教学提示

本任务主要介绍施工准备工作计划与开工报告。

教学要求

通过本任务教学，学生应掌握施工准备工作计划、开工报告的编写方法。

为了落实各项施工准备工作，加强检查和监督，必须根据各项施工准备的内容、时间和人员，编制出施工准备工作计划，见表4-1。

表 4-1　施工准备工作计划表

序号	施工准备工作	简要内容	要求	负责单位	负责人	配合单位	起止时间				备注
							月	日	月	日	

由于各项施工准备工作不是分离的、孤立的，而是互相补充、互相配合的。为了提高施工准备工作的质量，加快施工准备工作的速度，除了用表 4-1 编制施工准备工作计划外，还可采用编制施工准备工作网络计划的方法，以明确各项准备工作之间的逻辑关系，找出关键路线，并在网络计划图上进行施工准备工期的调整，尽量缩短准备工作的时间，使各项工作有领导、有组织、有计划和分期、分批地进行。

1. 开工条件

根据《建设工程监理规范》(GB/T 50319—2013)，工程项目开工前，施工准备工作具备了以下条件时，施工单位应向监理单位报送工程开工报审表及相关资料，由总监理工程师签发工程开工令，并报建设单位：

(1)设计交底和图纸会审已完成；

(2)施工组织设计已由总监理工程师签认；

(3)施工单位现场质量、安全生产管理体系已建立，管理及施工人员已到位，施工机械具备使用条件，主要工程材料已落实；

(4)进场道路及水、电、通信等已满足开工要求。

2. 开工报告

(1)开工报审表。开工报审表可采用《建设工程监理规范》(GB/T 50319—2013)中规定的施工阶段工作的基本表式，见表 4-2。

(2)工程开工令。工程开工令见表 4-3。

表 4-2　工程开工报审表

工程名称：   编号：

致：_____（建设单位） 　　_____（项目监理机构） 　　我方承担的_____工程，已完成相关准备工作，具备开工条件，申请于_____年_____月_____日开工，请予以审批。 　　附件：证明文件资料   　　　　　　　　　　　　　　　　　　　　　　　　　　施工单位(盖章)_____ 　　　　　　　　　　　　　　　　　　　　　　　　　　项目经理(签字)_____ 　　　　　　　　　　　　　　　　　　　　　　　　　　　　年　　月　　日
审查意见：   　　　　　　　　　　　　　　　　　　　　　　　　项目监理机构(盖章)_____ 　　　　　　　　　　　　　　　　　　总监理工程师(签字、加盖执业印章)_____ 　　　　　　　　　　　　　　　　　　　　　　　　　　　年　　月　　日
审批意见：   　　　　　　　　　　　　　　　　　　　　　　　　　　建设单位(盖章)_____ 　　　　　　　　　　　　　　　　　　　　　　　　建设单位代表(签字)_____ 　　　　　　　　　　　　　　　　　　　　　　　　　　　年　　月　　日
注：本表一式三份，项目监理机构、建设单位、施工单位各一份。

表 4-3　工程开工令

工程名称：　　　　　　　　　　　　　　　　　　　　　　　　　　编号：

致：＿＿＿＿＿＿（施工单位）

　　经审查，本工程已具备施工合同约定的开工条件，现同意你方开始施工，开工日期为：＿＿＿＿＿年＿＿＿＿＿月
＿＿＿＿＿日。

　　附件：工程开工报审表

　　　　　　　　　　　　　　　　　　　　　　　　项目监理机构（盖章）＿＿＿＿＿＿

　　　　　　　　　　　　　　　　　　　　　　　　总监理工程师（签字、加盖执业印章）＿＿＿＿＿＿

　　　　　　　　　　　　　　　　　　　　　　　　　　　年　　　月　　　日

注：本表一式三份，项目监理机构、建设单位、施工单位各一份。

📖 任务小结

　　本任务重点介绍了开工条件的规定，以及施工准备工作计划表、开工报审表、工程开
工令的编写格式。

📖 复习思考题

　　1. 工程开工需具备哪些条件？
　　2. 施工准备工作计划需编制哪些内容？

📖 实训练习题

　　收集一份建筑工程开工报告。

任务 4.2 施工准备工作

教学提示

本任务主要介绍原始施工资料的收集与整理。

教学要求

通过本任务教学，学生应明确所需要收集与整理的原始资料的内容。

■ 4.2.1 概述

1. 施工准备工作的重要性

（1）施工准备工作是建筑业企业生产经营管理的主要组成部分。现代企业管理理论认为，企业管理的重点是生产经营，而生产经营的核心是决策。施工准备工作作为生产经营管理的重要组成部分，对拟建工程目标、资源供应和施工方案及其空间布置和时间排列等各方面进行了选择和施工决策。它有利于企业搞好目标管理，推行技术责任制。

（2）施工准备工作是建筑施工程序的重要阶段。现代工程施工是十分复杂的生产活动，其技术管理规律和市场经济规律要求工程必须严格按照建筑施工程序进行。施工准备工作是保证整个工程施工和安装顺利进行的重要环节，可以为拟建工程的施工建立必要的技术和物质条件，统筹安排好施工现场。

（3）做好事故准备工作，降低施工风险。由于建筑产品及其施工生产的特点，其生产过程受外界干扰及自然因素的影响较大，因而施工中可能遇到的风险较多。只有根据周密的分析和多年积累的施工经验，采取有效的防范控制措施，充分做好准备工作，才能加强应变能力，从而降低风险损失。

（4）做好事故准备工作，提高企业综合经济效益。

（5）实践证明，只有重视且认真细致地做好施工准备工作，积极为工程项目创造一切施工条件，才能保证施工顺利进行。否则，就会给工程的施工带来麻烦和损失，以致造成施工停顿、质量安全事故等恶果。

2. 施工准备工作的分类及内容

（1）施工准备工作分类。

1）按施工准备工作的范围不同进行分类。

①施工总准备。它是以整个建设项目为对象而进行的各项施工准备。其作用是为整个建设项目的顺利施工创造条件，既为全场性的施工活动服务，也兼顾单位施工条件的准备。

②单项工程施工条件准备。它是以一个建筑物或构筑物为对象而进行的各项施工准备。其既要为单项工程做好一切准备，又要为分部工程施工进行作业条件的准备。

③分部工程作业条件准备。它是以一个分部工程或冬、雨期施工工程为对象而进行的作业条件准备。

2)按工程所处的施工阶段不同进行分类。

①开工前的施工准备工作。它是在拟建工程正式开工之前所进行带有全局性和总体性的施工准备。其作用是为工程开工创造必要的施工条件。它既包括全场性的施工准备，又包括单项、单位工程施工条件准备。

②各阶段施工前的施工准备。它是在工程开工后，某一单位工程或某个分部工程或某个施工阶段、某个施工环节施工前所进行的带有局部性或经常性的施工准备。其作用是为每个施工阶段创造必要的施工条件，它一方面是开工前施工准备工作的深化和具体化；另一方面，要根据各施工阶段的实际需要和变化情况，随时作出补充、修正与调整。如一般框架结构建筑施工，可以分为地基基础工程、主体结构工程、屋面工程、装饰装修工程等施工阶段，每个施工阶段的施工内容不同，所需要的技术条件、物资条件、组织措施要求和现场平面布置等方面也就不同，因此在每个施工阶段开始之前，都必须做好相应的施工准备。因此，施工准备工作具有整体性与阶段性的统一，且体现出连续性，必须有计划，有步骤，分期、分阶段进行。

(2)施工准备工作的内容。施工准备工作的内容一般可以归纳为以下几个方面：调查研究与收集资料；技术资料准备；施工现场准备；季节施工准备。

由于每项工程的设计要求及其具备的条件不同，施工准备工作的内容繁简程度也不同。如只有一个单项工程与包含多个单项工程的群体项目；一般小型项目与规模庞大的大、中型项目；在未开发地区兴建的项目与采用新材料、新结构、新技术、新工艺施工的项目等，因工程的特殊需要条件而对施工准备工作提出不同的要求，只有按施工项目的规划来确定准备工作的内容，并拟订具体的、分阶段的施工准备工作施工计划，才能为施工创造一切必要的条件。

3. 施工准备工作的要求

(1)施工准备工作应有组织、有计划、分阶段、有步骤地进行。

1)建立施工准备工作的组织机构，明确相应管理人员；

2)编制施工准备工作计划表，保证施工准备工作按计划落实；

3)将施工准备工作按工程的具体情况分为开工前、地基基础工程、主体工程、屋面与装饰装修工程等时间区段，分期、分阶段、有步骤地进行。

(2)建立严格的施工准备工作责任制及相应的检查制度。由于施工准备工作项目多，范围广，因此必须建立严格的责任制，按计划将责任落实到有关部门及个人，明确各级技术负责人在施工的准备工作中应负的责任，使各级技术负责人认真做好施工准备工作。

在施工准备工作实施过程中，应定期进行检查，可按周、半月、月度进行检查。检查的目的在于督促、发现薄弱环节，不断改进工作。施工准备工作的检查内容是：主要检查施工准备计划的执行情况。如果没有完成计划的要求，应进行分析，找出原因，排除障碍，协调施工准备工作进度或停止施工准备工作计划。检查的方法可采用实际与计划对比法；或采用相关单位、人员分割制，检查施工准备工作情况，当场分析产生问题的原因，提出解决问题的方法。后一种方法解决问题及时，见效快，现场常采用。

(3)坚持按基本建设程序办事，严格执行开工报告制度。当施工准备工作情况达到开工条件要求时，应向监理工程师报送开工报审表及开工报告等有关资料，由总监理工程师签发，并报建设单位后，在规定的时间内开工。

(4)施工准备工作必须贯穿施工全过程。施工准备工作不仅要在开工前集中进行，而且工程开工后，也要及时、全面地做好各施工阶段的准备工作，贯穿在整个施工过程中。

(5)施工准备工作要取得各协作相关单位支持与配合。由于施工准备工作涉及面广，因此，除了施工单位努力做好自身工作外，还要取得建设单位、监理单位、银行、行政主管部门、交通运输单位等协作。相关单位大力支持，步调一致，分工负责，共同做好施工准备工作。以缩短开工施工准备工作的时间，争取早日开工，施工中密切配合，关系融洽，保证整个过程顺利进行。

■ 4.2.2　调查研究与收集资料 ···

对一项工程所涉及的自然条件和技术经济等施工资料进行调查研究与收集整理，是施工准备工作的一项重要内容，也是编制施工组织设计的重要依据。尤其是当施工单位进入一个新的城市或地区，对建设地区的技术经济条件、场地特征和收回欠款等不太熟悉，此项工作显得尤为重要。调查研究与收集资料的工作应有计划、有目的地进行，事先要拟订详细的调查提纲。其调查的范围、内容等应根据拟建工程的规模、限制、复杂程度、工期以及对当地的了解程度确定。调查时，除向建设单位、当地气象台及有关部门和单位收集资料及有关规定外，还应到实地勘测，并向当地居民了解。对调查、收集到的资料应注意整理归纳，分析研究，对其中特别重要的资料，必须复查其数据的真实性和可靠性。

1. 原始资料的调查

(1)对建设单位与设计单位的调查。

(2)自然条件调查分析。它包括对建设地区的气象资料、工程地形地质、工程水文地质、周围民宅的坚固程度及其居民的健康状况等项调查。其是为制订施工方案，施工技术组织措施，冬、雨期施工措施，进行施工平面规划布置等提供依据；为编制现场"七通一平"的计划提供依据，如地上建筑物的拆除，高压电线路的搬迁，地下构筑物的拆除和各种管线的搬迁等项工作；为减少施工公害，如打桩工程砸打桩前，对居民的危房和居民中的心脏病患者，采取保护性措施。

2. 收集相关信息与资料

(1)技术经济条件调查分析。它包括地方建筑生产企业，地方资源交通运输，水、电及其他能源，主要设备，三大材料和特殊材料，以及它们的生产能力等项调查。

(2)其他相关信息与资料的收集。其他相关资料与信息包括：

1)现行的由国家有关部门制定的技术规范、规程及有关技术规定，如《建筑工程施工质量验收统一标准》(GB 50300—2013)及相关专业工程施工质量验收规范，《建筑施工安全检查标准》(JGJ 59—2011)及有关专业工程安全技术规范、规程，《建设工程项目管理规范》(GB/T 50326—2017)，《建筑工程冬期施工规程》(JGJ/T 104—2011)，各专业工程技术规范等；

2)企业现有的施工定额、施工手册、类似工程的技术资料及平时施工实践中所积累的资料等。收集这些相关资料与信息，是进行施工准备工作和编制施工组织设计的依据之一，可为其提供有价值的参考。

■ 4.2.3　技术资料准备 ···

技术资料准备即通常所说的"内业"工作，是施工准备的核心，指导着现场施工准备工作，对于保证建筑产品质量，实现安全生产，加快工程进度，提高工程经济效益都具有十分重要的意义。任何技术差错和隐患都可能引起人身安全和质量事故，造成生命财产和经济的巨大损失，因此，必须重视做好技术资料的准备，其主要内容包括：熟悉和会审图纸、编制中标后施工组织设计、编制施工预算等。

1. 熟悉和会审图纸

施工图全部(或分阶段)出图以后，施工单位应依据建设单位和设计单位提供的初步设计或扩大初步设计(技术设计)、施工图设计、建筑总平面图、土方竖向设计和城市规划等资料文件，调查、收集的原始资料和其他相关信息与资料，组织有关人员对设计图纸进行学习和会审工作，使参与施工的人员掌握施工图的内容、要求和特点，同时发现施工图中的问题，以便在图纸会审时统一提出，解决施工图中存在的问题，确保工程施工顺利进行。

(1)熟悉图纸阶段。

1)熟悉图纸工作的组织。由施工单位的工程项目经理部组织有关工程技术人员认真熟悉图纸，了解设计意图与建设单位要求以及施工应达到的技术标准，明确工程流程。

2)熟悉图纸的要求。

①先粗后细。即先看平面图、立面图、剖面图，对整个工程的概貌有一个了解，对总的长、宽尺寸，轴线尺寸、标高、层高、总高有一个大体的印象。然后再看细部做法，核对总尺寸与细部尺寸、位置、标高是否相符，门窗表中的门窗型号、规格、形状、数量是否与结构相符等。

②先小后大。即先看小样图，后看大样图。核对在平面图、立面图、剖面图中标注的细部做法，与大样图的做法是否相符；所采用的标准构件图集编号、类型、型号，与设计图纸有无矛盾，索引符号有无漏标之处，大样图是否齐全等。

③先建筑后结构。即先看建筑图，后看结构图。把建筑图与结构图相互对照，核对其轴线尺寸、标高是否相符，有无矛盾，查对有无遗漏尺寸，有无构造不合理之处。

④先一般后特殊。即先看一般的部位和要求，后看特殊的部位和要求。特殊的部位一般包括地基处理方法、变形缝的设置、防水处理要求和抗震、防火、保温、隔热、防尘、特殊装修等技术要求。

⑤图纸与说明结合。即要在看图纸时对照设计总说明和图中的细部说明，核对图纸和说明有无矛盾，规定是否明确，要求是否可行，做法是否合理等。

⑥土建与安装结合。即看图纸时，有针对性地看一些安装图，核对与土建有关的安装图有无矛盾，预埋件、预留洞、槽的位置、尺寸是否一致，了解安装对土建的要求，以便考虑在施工中的协作配合。

⑦图纸要求与实际情况结合。即核对图纸有无不符合施工实际之处，如建筑物相对位置、场地标高、地质情况等是否与设计图纸相符；对一些特殊的施工工艺，施工单位能否做到等。

(2)自审图纸阶段。

1)自审图纸的组织。由施工单位的项目经理部组织各工种人员对本工种的有关图纸进行审查，掌握和了解图纸中的细节；在此基础上，由总承包单位内部的土建与水、暖、电等专业，共同核对图纸，消除差错，协商施工配合事项；最后，总承包单位与分包单位（如桩基施工、装饰工程施工、设备安装施工等）在各自审查图纸基础上，共同核对图纸中的差错及协商有关施工配合问题。

2）自审图纸的要求。

①审查拟建工程的地点、建筑总平面图同国家、城市或地区规划是否一致，以及建筑物或构筑物的设计功能和使用要求是否符合环卫、防火及美化城市方面的要求。

②审查设计图纸是否完整齐全以及设计图纸和资料是否符合国家有关技术规范要求。

③审查建筑、结构、设备安装图纸是否相符，有无"错、漏、碰、缺"，内部结构和工艺设备有无矛盾。

④审查地基处理与基础设计同拟建工程地点的工程地质和水文地质等条件是否一致，以及建筑物或构筑物与原地下构筑物及管线之间有无矛盾。深基础的防水方案是否可靠，材料设备能否解决。

⑤明确拟建工程的结构形式和特点，复核主要承重结构的承载力、刚度和稳定性是否满足要求，审查设计图纸中的形状复杂、施工难度大和技术要求高的分部分项工程或新结构、新材料、新工艺，在施工技术和管理水平上能否满足质量和工期要求，选用的材料、构（配）件、设备等能否解决。

⑥明确建设期限分期分批投产或交付使用的顺序和时间，以及工程所用的主要材料、设备的数量、规格、来源和供货日期。

⑦明确建设单位、设计单位和施工单位等之间的协作、配合关系，以及建设单位可以提供的施工条件。

⑧审查设计是否考虑了施工的需要，各种结构的承载力、刚度和稳定性是否满足设置内爬、附着、固定式塔式起重机等使用的要求。

（3）图纸会审阶段。

1）图纸会审组织。一般由建设单位组织并主持会议，设计单位交底，施工单位、监理单位参加。重点工程或规模较大及结构、装修较复杂的工程，如有必要可邀请各主管部门、消防、防疫与协作单位参加。

会审的程序是：

①设计单位做设计交底；

②施工单位对图纸提出问题；

③有关单位发表意见，与会者讨论、研究、协商，逐条解决问题达成共识，组织会审的单位汇总成文，各单位会签，形成图纸会审纪要，会审纪要作为与施工图纸具有同等法律效力的技术文件使用。

2）图纸会审的要求。审查设计图纸及其他技术资料时，应注意以下问题：

①设计是否符合国家有关方针、政策和规定；

②设计规模、内容是否符合国家有关的技术规范要求，尤其是强制性标准的要求，是否符合环境保护和消防安全的要求；

③建筑设计是否符合国家有关的技术规范要求，尤其是强制性标准的要求，是否符合环境保护和消防安全的要求；

④建筑平面布置是否符合核准的按建筑红线划定的详图和现场实际情况；是否提供符合要求的永久水准点或临时水准点位置；

⑤图纸及说明是否齐全、清楚、明确；

⑥结构、建筑、设备等图纸本身及相互之间是否有错误和矛盾，图纸与说明之间有无矛盾；

⑦有无特殊材料（包括新材料）要求，其品种、规格、数量能否满足需要；

⑧设计是否符合施工技术装备条件，如需采用特殊技术措施时，技术上有无困难，能否保证安全施工；

⑨地基处理及基础设计有无问题，建筑物与地下构筑物、管线之间有无矛盾；

⑩建（构）筑物及设备的各部位尺寸、轴线位置、标高、预留孔及预埋件、大样图及做法说明有无错误和矛盾。

2. 编制中标后施工组织设计

中标后施工组织设计是施工单位在施工准备阶段编制的指导拟建工程从施工准备到竣工验收乃至保修回访阶段的技术经济、组织的综合性文件，也是编制施工预算、实行项目管理的依据，是施工准备工作的主要文件。它是在投标书施工组织设计的基础上，结合所收集的原始资料和相关信息资料，根据图纸及会审纪要，按照编制施工组织设计的基本原则，综合建设单位、监理单位、设计单位的具体要求进行编制，以保证工程好、快、省、安全、顺利地完成。

（1）施工单位必须在约定的时间内完成中标后施工组织设计的编制与自审工作，并填写施工组织设计报审表，报送项目监理机构。

（2）总监理工程师应在约定的时间内，组织专业监理工程师审查，提出审查意见后，由总监理工程师审定批准，需要施工单位修改时，由总监理工程师签发书面意见，退回施工单位修改后再报审，总监理工程师应重新审定，已审定的施工组织设计由项目监理机构报送建设单位。

（3）施工单位应按审定的施工组织设计文件组织施工，如需对其内容作较大变更，应在实施前将变更书面内容报送项目监理机构重新审定。

（4）对规模大、结构复杂或属新结构、特种结构的工程，专业监理工程师提出审查意见后，由总监理工程师签发审查意见，必要时与建设单位协商，组织有关专家会审。

3. 编制施工预算

施工预算是施工单位根据施工合同价款、施工图纸、施工组织设计或施工方案、施工定额等文件进行编制的企业内部经济文件，它直接受施工合同中合同价款的控制，是施工前的一项重要准备工作。它是施工企业内部控制各项成本支出、考核用工、签发施工任务书、限额领料、基层进行经济核算的依据。在施工过程中，要按施工预算严格控制各项指标，以降低工程成本和提高施工管理水平。

■ 4.2.4 资源准备

1. 劳动力组织准备

工程项目是否按目标完成，很大程度上取决于承担这一工程的施工人员的素质。劳动力组织准备包括施工管理层和作业层两大部分，这些人员的合理选择和配备，将直接影响到工程质量与安全、施工进度及工程成本，因此，劳动组织准备是开工前施工准备的一项重要内容。

(1)项目组织机构建设。对于实行项目管理的工程，建立项目组织机构就是建立项目经理部。高效率的项目组织机构的建立，是为建设单位服务的，是为项目管理目标服务的。这项工作实施得合理与否很大程度上关系到拟建工程能否顺利进行。施工企业建立项目经理部，要针对工程特点和建设单位要求，根据有关规定进行精心组织安排，认真抓实、抓细、抓好。

1)项目组织机构的设计应遵循以下原则：

①用户满意原则。施工单位要根据单位要求组建项目经理部，让建设单位满意放心。

②全能配套原则。项目经理要善管理、善经营、懂技术，能担任公关，且要具有较强的适应能力与应变能力和开拓进取的精神。项目经理部成员要有施工经验、创新精神，工作效率高。项目经理部既合理分工又密切协作，人员配置应满足施工项目管理的需要，如大型项目，管理人员必须具有一级项目经理资质，管理人员中的高级称职人员不应低于10%。

③精干高效原则。施工管理机构要尽量压缩管理层次，因事设职，因职选人，做到管理人员精干、一职多能、人尽其才、恪尽职守，以适应市场变化要求，避免松散、重叠、人浮于事。

④管理跨度原则。管理跨度过大，则鞭长莫及且心有余而力不足；管理跨度过小，则人员增多，造成资源浪费。因此，施工管理机构各层面设置是否合理，要看确定的管理跨度是否科学，也就是应使每一个管理层都保持适当工作幅度，以使其各层面管理人员在职责范围内实施有效的控制。

⑤系统化管理原则。建设项目是由许多子系统组成的有机整体，系统内部存在大量的"结合"部，各层次的管理职能的设计要组成一个相互制约、相互联系的完整体制。

2)项目经理部的设立步骤。

①根据企业批准的"项目管理规划大纲"，确定项目经理部的管理任务和组织形式；

②确定项目经理的层次，设立职能部门与工作岗位；

③确定人员、职责、权限；

④由项目部经理根据"项目管理目标责任书"进行目标分解；

⑤组织有关人员制定规章制度和目标责任考核、奖惩制度。

3)项目经理部的组织形式应根据项目的规模、结构复杂程度、专业特点、人员素质和地域范围确定，并应符合下列规定：

①大、中型项目宜按矩阵式项目管理组织设置项目经理部；

②远离企业管理层的大、中型项目宜按事业部式项目管理组织设置项目经理部；

③小型项目宜按直线职能式项目管理组织设置项目经理部。

(2)组织精干的施工队伍。

1)组织施工队伍，要认真考虑专业工程的合理配合，技工和普工的比例要满足合理的劳动组织要求。按组织施工方式要求，确定建立混合施工队组或是专业施工队组及其数量。组建施工队组，要坚持合理、精干的原则，同时制订出该工程的劳动力需用量计划。

2)集结施工力量，组织劳动力进场。项目经理部确定之后，按照开工日期和劳动力需要量计划组织劳动力进场。

（3）优化劳动组合与技术培训。针对工程施工要求，强化各工种的技术培训，优化劳动组合，主要抓好以下几方面的工作：

1）针对工程施工难点，组织工程技术人员和工人队组中的骨干力量，进行类似工程的考察学习；

2）做好专业工程技术培训，提高对新工艺、新材料使用操作的适应能力；

3）强化质量意识，抓好质量教育，增强质量观念；

4）工人队组实行优化组合、双向选择、动态管理，最大限度地调动职工的积极性；

5）认真、全面地进行施工组织设计的落实和技术交底工作。施工组织设计、计划和技术交底的目的是把施工项目的设计内容、施工计划和施工技术等要求，详尽地向施工队组和工人讲解交代。这是落实计划和技术责任制的好办法。

施工组织设计、计划和技术交底的时间在单位工程或分部（项）工程开工前及时进行，以保证项目严格地按照设计图纸、施工组织设计、安全操作规程和施工验收规范等要求进行施工。

施工组织设计、计划和技术交底的内容有：项目的施工进度计划、月（旬）作业计划；施工组织设计，尤其是施工工艺、质量标准、安全技术措施、降低成本措施和施工验收规范的要求；新结构、新材料、新技术和新工艺的实施方案和保证措施；图纸会审中所有确定的有关部位的设计变更和设计核定等事项。交底工作应按照管理系统逐级进行，由上而下直到工人队组。交底的方式有书面形式、口头形式和现场示范形式等。

施工队组、工人接受施工组织设计、计划和设计交底后，要组织其成员进行认真的分析研究，弄清关键部位、质量标准、安全措施和操作要领。必要时应该进行示范，并明确任务及做好分工协作，同时建立健全岗位责任制和保证措施。

6）切实抓好施工安全、安全防火和文明施工等方面的教育。

（4）建立健全各项管理制度。工地的各项管理制度是否建立、健全，直接影响其各项施工活动的顺利进行。有章不循，其后果是严重的，而无章可循更是危险的。为此必须建立健全工地的各项管理制度。其内容通常包括：项目管理人员岗位责任制度；项目技术管理制度；项目质量管理制度；项目安全管理制度；项目计划、统计与进度管理制度；项目成本核算制度；项目材料、机械设备管理制度；项目现场管理制度；项目分配与奖励制度；项目例会及施工日志制度；项目分包及劳务管理制度；项目组织协调制度；项目信息管理制度。项目经理部自行制定的规章制度与企业现行的有关规定不一致时，应报送企业或其授权的职能部门批准。

（5）做好分包安排。对于本企业难以承担的一些专业项目，如深基础开挖和支护、大型结构安装和设备安装等项目，应及早做好分包或劳务安排，与有关单位协调，签订分包合同或劳务合同，以保证按计划施工。

（6）组织好科研攻关。凡工程中采用带有试验性质的一些新材料、新产品、新工艺项目，应在建设单位、主管部门的参加下，组织有关设计、科研、教学单位共同进行科研工作。要明确相互承担的试验项目、工作步骤、时间要求、经费来源和职责分工。所有科研项目，必须经过技术鉴定后，再用于施工。

2. 物资准备

施工物资准备是指施工中必须有的劳动手段(施工机械、工具)和劳动对象(材料、配件、构件)等的准备,是一项较为复杂而又细致的工作。建筑施工所需的材料、构(配)件、机具和设备品种多且数量大,能否保证计划供应,对整个施工过程的工期、质量和成本,有着举足轻重的作用。各种施工物资只有运到现场并有必要的储存后,才具备必要的施工条件。因此,要将这项工作作为施工准备工作的一个重要方面来抓。管理人员应尽早地计算出各阶段对材料、施工机械、设备、工具等的需用量,并说明供应单位、交货地点、运输方式等,特别是对预制构件,必须尽早地从施工图摘录出构件的规格、质量、品种和数量,制表造册,向预制加工厂订货并确定分批交货清单、交货地点及时间,对大型施工机械、辅助机械及设备要精确计算工作日,并确定进场时间,做到进场后立即使用,用毕后立即退场,提高机械利用率,节省机械台班费及停留费。

物资准备的具体内容有材料准备、构(配)件及设备加工订货准备、施工机具准备、生产工艺设备准备、运输设备和施工物资价格管理等。

(1)材料准备。

1)根据施工方案中的施工进度计划和施工预算中的工料分析,编制工程所需材料用量计划,作为备料、供料和确定仓库、堆场面积及组织运输的依据;

2)根据材料需用量计划,做好材料的申请、订货和采购工作,使计划得到落实;

3)组织材料按计划进场,按施工平面图和相应位置堆放,并做好合理储备、保管工作;

4)严格验收、检验,核对材料的数量和规格,做好材料试验和检验工作,保证施工质量。

(2)构(配)件及设备加工订货准备。

1)根据施工进度计划及施工预算所提供的各种构(配)件及设备数量,做好加工翻样工作,并编制相应的需用量计划;

2)根据需用量计划,向有关厂家提出加工订货计划要求,并签订订货合同;

3)组织构(配)件和设备按计划进场,按施工平面布置图做好存放及保管工作。

(3)施工机具准备。

1)各种土方机械,混凝土、砂浆搅拌设备,垂直及水平运输机械,钢筋加工设备,焊接设备,打夯机,排水设备等应根据施工方案,对施工机具配备的要求、数量以及施工进度安排,编制施工机具需用量计划;

2)拟由本企业内部负责解决的施工机具,应根据需用量计划组织落实,确保按期供应;

3)对施工企业缺少且需要的施工机具,应与有关方面签订订购和租赁合同,以保证施工需要;

4)对于大型施工机械(如塔式起重机、挖土机、桩基设备等)的需求量和时间,应向有关方面(如专业分包单位)联系,提出要求,在落实后签订有关分包合同,并为大型机械按期进场做好现场有关准备工作;

5)安装、调试施工机具,按照施工机具需要量计划,组织施工机具进场,根据施工总平面图将施工机具安置在规定的地方或仓库。对施工机具要进行就位、搭棚、接电源、保养、调试工作,对所有施工机具都必须在使用前进行检查和试运转。

(4)生产工艺设备准备。订购生产用的生产工艺设备，要注意交货时间与土建进度密切配合，否则会直接影响建设工期。因为某些庞大设备的安装往往要与土建施工穿插进行，如果土建全部完成或封顶后，安装会有困难。

施工准备时应按照施工项目工艺流程及工艺设备的布置图，提出工艺设备的名称、型号、生产能力和需要量，确定分期、分批进场时间和保管方式，编制工艺设备需要量计划，为组织运输、确定堆场面积提供依据。

(5)运输准备。

1)根据上述四项需用量计划，编制运输需用量计划，并组织落实运输工具；

2)按照上述四项需用量计划明确的进场日期，联系和调配所需运输工具，确保材料、构(配)件和机具设备按期进场。

(6)强化施工物资价格管理。

1)建立市场信息制度，定期收集、披露市场物资价格信息，提高透明度；

2)在市场价格信息指导下，"货比三家"，择优进货；对大宗物资的采购要采取招标采购方式，在保证物资质量和工程质量的前提下，降低成本，提高效益。

■ 4.2.5 施工现场准备

施工现场是施工的全体参加者为夺取优质、高速、低耗的目标，而有节奏、均衡、连续地进行战术决战的活动空间。施工现场的准备工作，主要是为了给施工项目创造有力的施工条件，是保证工程按计划开工和顺利进行的重要环节，因此必须认真落实做好。

1. 现场准备工作的范围及各方职责

施工现场准备工作由两个方面组成：一是建设单位应完成的施工现场准备工作；二是施工单位应完成的施工现场准备工作。建设单位与施工单位的施工现场准备工作均就绪时，施工现场就具备了施工条件。

(1)建设单位施工现场准备工作。建设单位要按合同条款中约定的内容和时间完成以下工作：

1)办理土地征用、拆迁补偿、平整施工现场等工作，使施工现场具备施工条件，在开工后继续负责解决以上事项遗留问题；

2)将施工所需水、电、电信线路从施工现场外部接至专用条款约定地点，保证施工期间的需要；

3)开通施工现场与城乡公共道路的通道，以及专用条款约定的施工场地内的主要道路，满足施工运输的需要，保证施工期间道路的通畅；

4)向承包人提供施工现场的工程地质和地下管线资料，对资料的真实性、准确性负责；

5)办理施工许可证及其他施工所需证件、批件和临时用地、停水、停电、中断道路交通、爆破作业等的申请批准手续(证明承包人的自身资质的证件除外)；

6)确定水准点与坐标控制点，以书面形式交给负责人，进行现场交验；

7)协调处理施工场地周围的地下管线和邻近建筑物、构筑物(包括文物保护建筑)、古树名木的保护工作，承担有关费用。

以上施工现场准备工作，发承包双方也可在合同专用条款内约定交由施工单位完成，其费用由建筑单位承担。

（2）施工单位现场准备工作。施工单位现场准备工作即通常所说的室外准备，施工单位应按合同条款中约定的内容和施工组织设计的要求完成以下工作：

1）根据工程需要，提供和维修非夜间施工使用的照明、围栏设施，并负责安全保卫；

2）按专用条款约定的数量和要求，向发包人提供施工场地办公和生活的房屋及设施，发包人承担由此发生的费用；

3）遵守政府有关主管部门对施工现场交通、施工噪声以及环境保护和安全生产等的管理规定，按规定办理有关手续，并以书面形式通知发包人，发包人承担由此发生的费用，由承包人负责造成的罚款除外；

4）按专用条款约定做好施工场地地下管线和邻近建筑物、构筑物（包括文物保护建筑）、古树名木的保护工作；

5）保证施工场地清洁，符合环境卫生管理的有关规定；

6）建立测量控制网；

7）工程用地范围内"七通一平"，其中平整场地工作应由其他单位承担，但建设单位也可要求施工单位完成，费用仍由建设单位承担；

8）搭设生产和生活用的临时设施。

2. 拆除障碍物

施工现场内的一切地上、地下障碍物，都应在开工前拆除。这项工作一般是由建设单位来完成，但也有委托施工单位来完成的。如果由施工单位来完成这项工作，一定要事先摸清现场情况，尤其在城市的老区中，由于原有建筑物和构筑物情况复杂，而且往往资料不全，在拆除前需要采取相应的措施，防止发生事故。

对于房屋的拆除，一般只要把水源、电源切断后即可进行拆除。若房屋较大、较坚固，需要采取爆破的方法时，必须经有关部门批准，由专业的爆破作业人员来承担。

架空电线（电力、通信）、地下电缆（包括电力、通信）的拆除，要与电力部门或通信部门联系并办理有关手续后方可进行。

自来水、污水、燃气、热力等管线的拆除，都应与有关部门取得联系，办好手续后由专业公司来完成。

场地内若有树木，需要园林部门批准后方可砍伐。

拆除障碍物留下的渣土等杂物都应清出场地外，运输时，应遵守交通、环保部门的有关规定，运土的车辆要按指定的路线和时间行驶，并采取封闭运输车或在渣土上直接洒水等措施，以免渣土飞扬而污染环境。

3. 建立测量控制网

建筑施工工期长，现场情况变化大，因此，保证控制点的稳定、正确，是确保建筑施工质量的先决条件，特别是在城区建设，障碍多、通视条件差，给测量工作带来一定的难度，施工时应根据建设单位提供的由规划部门给定的永久性坐标和高程，按建筑总图上的要求，进行现场控制点的测量，妥善设立现场永久性标桩，为施工全过程的投测创造条件。

在测量放线时，应校检和校正经纬仪、水准仪、钢尺等测量仪器；校核接线桩与水准点，制订切实可行的测量方案，包括平面控制、标高控制、沉降观测和竣工测量等工作。

建筑物定位放线，一般通过设计图中平面控制轴线来确定建筑物位置，测定并经自检合格后提交有关部门和建设单位或监理人员验线，以保证定位的准确性。沿红线的建筑物放线后，还要由城市规划部门验线以防止建筑物压红线或超红线，为正常顺利地施工创造条件。

4. "七通一平"

"七通一平"包括在工程用地范围内，接通施工用水、用电、道路、电信、燃气、施工现场排水及排污通畅和平整场地的工作。

(1)平整场地。清除障碍物后，即可进行场地平整工作，按照建筑施工总平面图、勘测地形图和场地平整施工方案等技术文件的要求，通过测量，计算出填挖土方工程量，设计土方调配方案，确定平整场地的施工方案，组织人力和机械进行平整场地的工作。应尽量做到挖填方趋于平衡，总运输量最小，便于机械施工和充分利用建筑物挖方填土。并应防止利用地表土、软润土层、草皮、建筑垃圾等作填方。

(2)路通。施工现场的道路是组织物资进场的动脉，拟建工程开工之前，必须按照施工总平面图的要求，修建必要的临时性道路，为节约临时工程费用，缩短施工准备工作时间，尽量利用原有道路设施或拟建永久性道路解决现场道路问题，形成畅通的运输网络，使现场施工用道路的布置确保运输和消防用车等的行驶畅通。临时道路的等级，可根据交通流量和所用车解决。

(3)给水通。施工用水包括生产、生活与消防用水，应按施工总平面图的规划进行安排，施工给水尽可能与永久性的给水系统结合起来。临时管线的铺设，既要满足施工用水的需用量，又要施工方便，并且尽量缩短管线的长度，以降低工程的成本。

(4)排水通。施工现场的排水也十分重要，特别在雨季，如场地排水不畅，会影响到施工和运输的顺利进行，高层建筑基坑深、面积大，施工往往要经过雨期，应做好基坑周围的挡土支护工作，防止坑外雨水向坑内汇流，并做好基坑底的排放工作。

(5)排污通。施工现场的污水排放，直接影响到城市的环境卫生，由于环境保护的要求，有些污水不能直接排放，而需进行处理以后方可排放。因此，现场的排污也是一项重要的工作。

(6)电及电信通。电是施工现场的主要动力来源，施工现场用电包括施工生产用电和生活用电。由于建筑工程施工供电面积大，启动电流大，负荷变化多和手持式用电机具多，施工现场临时用电要考虑安全和节能措施。开工前，要按照施工组织设计的要求，接通电力和电信设施。电源首先应考虑从建设单位给定的电源上获得，如其供电能力不能满足施工用电需要，则应考虑在现场建立自备发电系统，确保施工现场动力设备和通信设备的正常运行。

(7)蒸汽及燃气通。施工中如需要通蒸汽、燃气，应按施工组织设计的要求进行安排，以确保施工的顺利进行。

5. 搭设临时设施

现场生活和生产用的临时设施，应按照施工平面布置图的要求进行，临时建筑平面图及主要房屋结构图都应报请城市规划、市政、消防、交通、环境保护等有关部门审查批准。

为了施工方便和行人的安全及文明施工，应用围墙将施工用地围护起来，围护的形式、材料和高度应符合市容管理的有关规定和要求，并在主要入口设置标牌挂图，标明工程项目名称、施工单位、项目负责人等。

所有生产及生活用临时设施，包括各种仓库、搅拌站、加工厂作业棚、宿舍、办公用房、食堂、文化生活设施等，均应按批准的施工组织设计的要求组织搭设，并尽量利用施工现场或附近原有设施（包括要拆迁但可暂时利用的建筑物）和在建工程本身的部分用房供施工使用，尽可能减少临时设施的数量，以便节约用地，节省资源。

■ 4.2.6 季节性施工准备

建筑工程施工绝大部分工作是露天作业，受气候影响比较大，因此，在冬、雨期及夏季施工中，必须从具体条件出发，正确选择施工方法，做好季节性施工准备工作，以保证按期、保质、安全地完成施工任务，取得较好的技术经济效果。

1. 冬期施工准备

（1）组织措施。

1）合理安排施工进度计划。冬期施工条件差，技术要求高，费用增加，因此，要合理安排施工进度计划，尽量安排保证施工质量却费用增加不多的项目在冬期施工，如吊装、打桩、室内装修等工程；而费用增加较多又不容易保证质量的项目则不宜安排在冬期施工，如土方、基础、外装修、房屋防水等工程。

2）进行冬期施工的工程项目，在入冬前应组织编制冬期施工方案。可依据《建筑工程冬期施工规程》（JGJ/T 104—2011），结合工程实际及施工经验等进行编制。编制的原则是：确保工程质量，经济合理，使增加的费用最少；所需的热源和材料有可靠的来源，并尽量减少能源消耗；确保能缩短工期。冬期施工方案应包括：施工程序；施工方法；现场布置；设备、材料、能源、工具的供应计划；安全防火措施；测温制度和质量检查制度等。方案确定后，要组织有关人员学习，并向队组进行交底。

3）组织人员培训。进入冬期施工前，对掺外加剂人员、测温保温人员、锅炉工和火炉管理人员，应专门组织技术业务培训，学习本工作范围内的有关知识，明确职责，经考试合格后，方准上岗工作。

4）与当地气象台保持联系，及时接收天气预报，防止寒流突然袭击。

5）安排专人测量施工期间的室外气温，暖棚内气温，砂浆、混凝土的温度并做好记录。

（2）图纸准备。凡进行冬期施工的工程项目，必须复核施工图纸，查对其是否能适应冬期施工要求。如墙体的高厚比、横墙间距等有关的结构稳定性，现浇改为预制以及工程结构能否在寒冷状态下安全过冬等问题，应通过图纸会审解决。

（3）现场准备。

1）根据实物工程量提前组织有关机具、外加剂和保温材料、测温材料进场；

2）搭建加热用的锅炉房、搅拌站，敷设管道，对锅炉进行试火试压，对各种加热的材料、设备要检查其安全可靠性；

3）计算变压器的容量，接通电源；

4）对工地的临时给水排水管道及石灰膏等材料做好保温防冻工作，防止道路积水成冰，及时清扫积雪，保证运输顺利；

5)做好冬期施工混凝土、砂浆及掺外加剂的试配试验工作，提出施工配合比；

6)做好室内施工项目的保温，如先完成供热系统，安装好门窗玻璃等，以保证室内其他项目能顺利施工。

(4)安全与防火。

1)冬期施工时，要采取防滑措施。

2)大雪后必须将架子上的积雪清扫干净，并检查马道平台，如有松动下沉现象，务必及时处理。

3)施工时如接触气源、热水，要防止烫伤，使用氯化钙、漂白粉时，要防止腐蚀皮肤。

4)亚硝酸钠有剧毒，要严加保管，防止突发性误食中毒。

5)对现场火源要加强管理。使用天然气、煤气时，要防止爆炸；使用焦炭炉、煤炉或天然气、煤气时应注意通风换气，防止煤气中毒。

6)电源开关、控制箱等要加锁，并设专人负责管理，防止漏电、触电。

2. 雨期施工准备

(1)合理安排雨期施工。为避免雨期窝工造成的损失，一般情况下，在雨期到来之前，应多安排完成基础、地下工程、土方工程、室外及屋面工程等不宜在雨期施工的项目；多留室内工作在雨期施工。

(2)加强施工管理，做好雨期施工的安全教育。要认真编制雨期施工技术措施(如雨期前后沉降观测措施，保证防水层雨期施工质量的措施，保证混凝土配合比、浇筑质量的措施，钢筋除锈的措施等)，认真组织贯彻实施。加强对职工的安全教育，防止各种事故发生。

(3)防洪排涝，做好现场排水工作。工程地点若在河流附近，上流有大面积山地丘陵，应有防洪排涝准备。施工现场雨期来临前，应做好排水沟渠的开挖，准备好抽水设备，防止场地积水和地沟、基槽、地下室等浸水，对工程施工造成损失。

(4)做好道路维护，保证运输通畅。雨期前检查道路边坡排水，适当提高路面，防止路面凹陷，保证运输通畅。

(5)做好物资的储备。雨期到来前，应多储存物资，减少雨期运输量，以节约费用。要准备必要的防雨器材，库房四周要有排水沟渠，防止物资淋雨浸水而变质，仓库要做好地面防潮和屋面防漏雨工作。

(6)做好机具设备等防护。雨期施工，对现场的各种设施、机具要加强检查，特别是脚手架、垂直运输设施等，要采取防倒塌、防雷击、防漏电等一系列技术措施，现场机具设备(焊机、闸箱等)要有防雨措施。

3. 夏季施工准备

(1)编制夏季施工项目的施工方案。夏季施工条件差，气温高、干燥，针对夏季施工的这一特点，对于安排在夏季施工的项目，应编制夏季施工方案及采取的技术措施，如对于大体积混凝土在夏季施工，必须合理安排选择浇筑时间，做好测温和养护工作，以保证大体积混凝土的施工质量。

(2)现场防雷装置的准备。夏季经常有雷雨，工地现场应有防雷装置，特别是高层建筑和脚手架等要按规定设临时避雷装置，并确保工地现场用电设备的安全运行。

（3）施工人员防暑降温工作的准备。夏季施工，还必须做好施工人员的防暑降温工作，调整作息时间，从事高温工作的场所及通风不良的地方，应加强通风和降温措施，做到安全施工。

 任务小结

施工准备工作是建筑业企业生产经营管理的主要组成部分。现代企业管理理论认为，企业管理的重点是生产经营，而生产经营的核心是决策。施工准备工作作为生产经营管理的重要组成部分，对拟建工程目标、资源供应和施工方案及其空间布置和时间排列等方面进行了选择和施工决策。它有利于企业搞好目标管理，推行技术责任制。

 复习思考题

1. 试述施工准备工作的重要性。
2. 简述施工准备工作的主要内容。
3. 熟悉图纸有哪些要求？会审图纸应包括哪些内容？
4. 资源准备包括哪些方面？
5. 施工现场准备包括哪些内容？
6. 如何做好冬期施工准备工作？
7. 如何做好雨期、夏季施工准备工作？

参考答案

 实训练习题

收集一份建筑工程施工合同。

项目5　建筑工程质量管理

知识目标

通过本项目内容学习，了解工程质量管理的基本概念，了解建筑工程质量控制的相关方法。

技能目标

通过施工现场学习，掌握建筑工程质量控制的内容与方法。

素质目标

能够对建筑工程质量进行控制并进行施工现场指导。

任务5.1　工程质量管理概述

教学提示

本任务主要介绍建筑工程中质量和质量管理的概念，以及工程质量控制的相关内容。

教学要求

通过本任务教学，学生应了解工程质量的定义，掌握质量管理的意义，熟悉工程质量控制的要求。

■ 5.1.1　质量

质量是反映产品、体系或过程的一组固有特性满足要求的程度。质量有广义与狭义之分，狭义的质量指产品的质量，即工程实体质量；广义的质量除了产品狭义的质量之外，还包括工作质量。工程实体质量不是靠检查来保证的，而是通过工作质量来保证的。施工现场的工作质量是施工现场各个部门、各个环节如技术、管理、组织、后勤、政工等以至每一位工人和技术、管理人员所做的工作的质量。由于每一个岗位都有明确的工作质量标准，对建筑工程现场施工质量起到保证与完善的作用。所以说，工作质量不仅是现场施工质量的保证，也是建筑工程质量的保证，它反映了与建筑工程直接有关的工作对于建筑工程质量的保证程度。也可以说，施工现场工作质量的优劣，反映出施工现场和企业管理的质量水平的高低。

■ 5.1.2 质量管理

按照国际标准化组织（ISO）的定义，质量管理是指为了满足质量要求所采取的作业技术和活动的总称，因此，对建筑项目的质量管理而言，它是指为了确保合同规定的质量标准所采取的一系列监控措施手段和方法，它贯穿于建筑项目的决策、设计、施工、竣工验收的整个建设过程。建筑施工质量管理是指在施工阶段运用一系列必要的技术和管理手段与方法，确保建筑安装工程达到设计施工及验收规范等的要求，即确保产品质量。

■ 5.1.3 工程项目质量控制

质量控制是质量管理的一部分，是致力于满足质量要求的一系列相关活动。质量控制贯穿于质量形成的全过程、各环节，纠正这些环节的技术、活动偏离有关规范的现象，使其恢复正常，达到控制的目的。

工程项目质量控制是为达到工程项目质量要求所采取的作业技术和活动。工程项目质量要求则主要表现为工程合同、设计文件、技术规范规定的质量标准。因此，工程项目质量控制就是为了保证达到工程合同规定的质量标准而采取的一系列措施手段和方法。

📖 任务小结

本任务主要介绍了工程质量、质量管理、工程项目质量控制等，学生通过本任务学习，可以对建筑工程中的质量等相关问题有一定理解掌握。

📖 复习思考题

1. 什么是质量？
2. 什么是质量管理？
3. 什么是工程项目质量控制？

任务 5.2　质量管理计划

🚩 教学提示

本任务主要介绍质量管理的研究对象和范围，质量管理、质量认证、质量控制、质量保证四者间的关系，质量认证的基本形式，重点介绍产品质量认证与质量体系认证，以及质量管理计划的内容。

教学要求

通过本任务教学，学生应了解质量管理的研究对象和范围，熟悉质量管理计划的相关内容，重点掌握质量体系认证的基本知识。

施工单位应按照《质量管理体系　要求》(GB/T 19001—2016)建立本单位的质量管理体系文件。可以独立编制质量计划，也可以在施工组织设计中合并编制质量计划的内容。质量管理应按照 PDCA 循环模式，加强过程控制，通过持续改进提高工程质量。

■ 5.2.1　质量管理的研究对象与范围 ·························

20 世纪 80 年代，质量管理的主要研究对象是产品质量，包括工农业产品质量、工程建设质量、交通运输质量以及邮电、旅游、商店、饭店、宾馆的服务质量等。

20 世纪 90 年代后，质量管理的研究对象却是实体质量，范围扩大到一切可以单独描述和研究的事物，不仅包括产品质量，而且还研究某个组织的质量、体系的质量、人的质量以及它们的任何组合系统的质量。

质量管理，是确定质量方针、目标和责任，并通过质量体系中的质量策划、质量控制、质量保证和质量改进，来实现其所有管理职能的全部活动。因此，现代质量管理虽然仍重视产品质量和服务质量，但更强调体系或系统的质量、人的质量，并以人的质量、体系质量去确保产品、工程或服务质量。现在，这种管理活动不仅仅只在工业生产领域，而且已扩大至农业生产、工程建设、交通运输、教育卫生、商业服务等领域。无论是行业质量管理，还是企业、事业单位的质量管理，客观上都存在着一个系统对象——质量体系。

无论哪个质量体系都具有一个系统所应具备的四个特征：

(1)集合性。质量体系是由若干个可以相互区别的要素(或子系统)组成的一个不可分割的整体系统。质量体系的要素主要是人、机械设备、原材料、方法和工艺、环境条件等，具体包括市场调研、设计、采购、工艺准备、物资、设备、检验、标准(规程)、计量、不合格及纠正措施、搬运、储存、包装、售后服务、质量文件和记录、人员培训、质量成本、质量体系审核与复审、质量职责和责任以及统计方法的应用等。

(2)相关性。质量体系各要素之间也是相互联系和相互作用的，它们之间某一要素发生变化，势必要使其他要素也要进行相应的改变和调整，如更新了设备，操作人员就要更新知识，操作方法、工艺等也要相应调整等。

因此，不能静止地、孤立地看待质量体系中的任何一个要素，而要依据相关性，协调好它们之间的关系，从而发挥系统整体效能。

(3)目的性。质量体系的目的就是追求稳定的高质量，使产品或服务满足规定的要求或潜在的需要，使广大用户、消费者和顾客满意。同时，也使本企业获得良好的经济效益。为此，企业必须建立完整的体系，对影响产品或服务质量的技术、管理和人等质量体系要素进行控制。

（4）环境适应性。任何一个质量体系都存在于一定的环境条件之中。我国质量体系必须适应我国经济体制和政治体制。目前，正在进行经济体制改革和政治体制改革，质量体系就必须不断改进，适应新的环境条件，使其保持最佳适应状态。这也是建立和完善中国式的质量体系的重要原因。

当然，质量体系是人工系统，不是自然系统；是开放系统，而不是闭环系统；是动态系统，而不是静态系统。从宏观上看，它又是社会技术监督系统的重要组成部分，是质量的根本和关键；从微观上看，就一个企业而言，质量管理仅仅是这个企业单位生产经营管理系统的一个组成部分，它与这个企业的计量管理系统、标准化管理系统等共同组成了技术监督系统。对经营提供了基础保证，使之达到优质、低耗、高效生产经营。因此，在质量管理过程中应该自觉地运用系统工程科学方法，把质量的主要对象放在质量体系的设计、建立和完善上。

■ 5.2.2　质量体系认证的基本知识 ··

1. 质量认证

质量认证也叫作合格评定，是国际上通行的管理产品质量的有效方法。质量认证按认证的对象分为产品质量认证和质量体系认证两类；按认证的作用可分为安全认证和合格认证。

2. 与质量有关的术语

产品，是指活动或过程的结果。

过程，是将输入转化为输出的一组彼此相关的资源和活动。

质量体系，是指为实施质量管理所需的组织结构、程序、过程和资源。

质量控制，是指为达到质量要求所采取的作业技术和活动。

质量保证，是为了提供足够的信任表明实体能够满足质量要求，而在质量体系中实施并根据需要进行证实的全部有计划、有系统的活动。

质量管理，是指确定质量方针、目标和职责并在质量体系中通过诸如质量策划、质量控制、质量保证和质量改进使其实施的全部管理职能的所有活动。

全面质量管理，是指一个组织以质量为中心，以全员参与为基础，目的在于通过让顾客满意和本组织所有成员及社会受益而达到长期成功的管理途径。

3. 质量管理、质量体系、质量控制、质量保证之间的关系

质量管理既包括质量控制和质量保证，也包括质量方针、质量策划和质量改进等概念。质量管理的运行原则是通过质量体系进行的。质量体系包括质量策划、质量控制、质量保证和质量改进。质量控制和质量保证的某些活动是相互关联的。

4. 质量认证的基本形式

世界各国现行的质量认证制度主要有八种，其中各国标准机构通常采用的是型式试验加工厂质量体系评定加认证后监督——质量体系复查加工厂和市场抽样调查的质量认证制度，我国采用的是工厂质量体系评审（质量体系认证）的质量认证制度。

5. 产品质量认证与质量体系认证

产品质量认证，是依据产品标准和相应技术要求，经认证机构确认并通过颁发认证证书和认证标志来证明某一种产品符合相应标准和相应技术要求的活动。质量体系认证，是经质量体系认证机构确认，并颁发质量体系认证证书证明企业的质量体系的质量保证能力符合质量保证标准要求的活动。一般只有具备质量体系认证的企业才能参与工程的投标与建设。

■ 5.2.3 质量管理计划的一般内容 ··

(1)应制定具体的项目质量目标，质量目标应不低于工程合同明示的要求；质量目标应尽可能地量化和层层分解到最基层，建立阶段性目标。

(2)应明确质量管理组织机构中各重要岗位的职责，与质量有关的各岗位人员应具备与职责要求匹配的相应知识、能力和经验。

(3)应采取各种有效措施，确保项目质量目标的实现；这些措施包含但不局限于：原材料、构(配)件、机具的要求和检验，主要的施工工艺、主要的质量标准和检验方法，夏季、冬期和雨期施工的技术措施，关键过程、特殊过程、重点工序的质量保证措施，成品、半成品的保护措施，工作场所环境以及劳动力和资金保障措施等。

(4)按质量管理原则中的过程方法要求，将各项活动和相关资源作为过程进行管理，建立质量过程检查、验收以及质量责任制等相关制度，对质量检查和验收标准作出规定，采取有效的纠正和预防措施，保障各工序和过程的质量。

(5)质量管理的工具和方法。质量管理的基本思想方法是全面质量管理(PDCA)，这里P指计划(Plan)，D指执行计划(Do)，C指检查计划(Check)，A指采取措施(Action)；基本数学方法是概率论和数理统计方法。由此而总结出各种常用工具，如排列图、因果分析图、直方图、控制图等。

(6)质量抽样检验方法和控制方法。质量指标是具体、定量的。如何抽样检查或检验，怎样实行有效的控制，都要在质量管理过程中正确地运用数理统计方法，研究和制定各种有效控制系统。质量的统计抽样工具——抽样方法标准就成为质量管理工程中一项十分必要的内容。

(7)质量成本和质量管理经济效益的评价、计算。质量成本是从经济性角度评定质量体系有效的重要方面。科学、有效的质量管理，对企业单位和对国家都有显著的经济效益。如何核算质量成本，怎样定量考核质量管理水平和效果，已成为现代质量管理必须研究的一项重要课题。

任务小结

本任务对质量管理的研究对象和范围，质量管理、质量认证、质量控制、质量保证四者间关系，质量认证的基本形式，产品质量认证与质量体系认证，以及质量管理计划的内容进行了阐述。通过本任务的学习，学生可以对质量管理计划有一定了解。

1. 什么是工程质量管理?
2. 工程质量管理的研究对象和范围是什么?
3. 质量体系的特征是什么?
4. 什么是质量认证?
5. 简述质量管理、质量体系、质量控制、质量保证四者之间的关系。
6. 质量管理计划的内容是什么?

任务5.3 全面质量管理

教学提示

本任务主要介绍全面质量管理的基本概念和基本要求、指导思想和工作原则以及运转模式。

教学要求

通过本任务教学,学生应了解全面质量管理的概念和要求;熟悉全面质量管理的指导思想和工作原则,掌握全面质量管理的运转模式。

全面质量管理(Total Quality Management,TQM)是企业管理的中心环节,是企业管理的纲领,它和企业的经营目标是一致的。这就要求将企业的生产经营管理和质量管理有机地结合起来。

5.3.1 全面质量管理的基本概念

全面质量管理是以组织全员参与为基础的质量管理模式,它代表了质量管理的最新阶段,最早起源于美国。阿曼德·费根堡姆指出:"全面质量管理是为了能够在最经济的水平上,并充分考虑到满足用户要求的条件下进行市场研究、设计、生产和服务,把企业内各部门研制质量、维持质量和提高质量的活动构成为一体的一种有效体系。"他的理论经过世界各国的继承和发展,得到了进一步的扩展和深化。1994年版ISO 9000族标准中对全面质量管理的定义为:一个组织以质量为中心,以全员参与为基础,目的在于通过让顾客满意和本组织所有成员及社会受益而达到长期成功的管理途径。国家标准《质量管理体系 基础和术语》(GB/T 19000—2008/ISO 9000:2005)对质量下的定义为:一组固有特性满足要求的程度。国家标准《质量管理体系 基础和术语》(GB/T 19000—2016)对质量下的定义为:客体的一组固有特性满足要求的程度。目前更流行、更通俗的定义是从用户的角度去定义质量：质量是用户对一个产品（包括相关的服务）满足程度的度量。质量是产品或服务的生命。质量受企业生产经营管理活动中多种因素的影响，是企业各项工作的综合反映。要保证和提高产品质量，必须对影响质量的各种因素进行全面而系统的管理。全面质量管理，就是企业组织全体职工和有关部门参加，综合运用现代科学和管理技术成果，控制影响产品质量的全过程和各因素，经济地研制生产和提供用户满意的产品的系统管理活动。

■ 5.3.2　全面质量管理的基本要求

1. 全过程管理

任何一个工程（产品）的质量都有一个产生、形成和实现的过程，整个过程是由多个相互联系、相互影响的环节所组成，每一个环节或重或轻地影响着最终的质量状况。因此，要搞好工程质量管理，必须把形成质量的全过程和有关因素控制起来，形成一个综合的管理体系，做到以防为主，防检结合，重在提高。

2. 全员的质量管理

工程（产品）的质量是企业各方面、各部门、各环节工作质量的反映。每一环节、每一个人的工作质量都会不同程度地影响着工程（产品）的最终质量。工程质量人人有责，只有人人都关心工程的质量，做好本职工作，才能生产出好质量的工程。

3. 全企业的质量管理

全企业的质量管理一方面要求企业各管理层次都要有明确的质量管理内容，各层次的侧重点要突出，每个部门应有自己的质量计划、质量目标和对策，层层控制；另一方面就是要把分散在各部门的质量职能发挥出来。

4. 多方法的管理

影响工程质量的因素越来越复杂，既有物质的因素，又有人为的因素；既有技术因素，又有管理因素；既有内部因素，又有企业外部因素。要搞好工程质量，就必须把这些影响因素控制起来，分析它们对工程质量的不同影响，灵活运用各种现代化管理方法来解决工程质量问题。

■ 5.3.3　全面质量管理的基本指导思想

1. 质量第一、以质量求生存

任何产品都必须达到所要求的质量水平，否则就没有或未实现其使用价值，从而给消费者、给社会带来损失。从这个意义上讲，质量必须是第一位的。贯彻"质量第一"就要求企业全员，尤其是领导层，要有强烈的质量意识；要求企业在确定质量目标时，首先应根据用户或市场的需求，科学地确定质量目标，并安排人力、物力、财力予以保证。当质量与数量、社会效益与企业效益、长远利益与眼前利益发生矛盾时，应把质量、社会效益和长远利益放在首位。"质量第一"并非"质量至上"。质量不能脱离当前的市场水准，也不能不问成本一味地讲求质量。应该重视质量成本的分析，把质量与成本加以统一，确定最适合的质量。

2. 用户至上

在全面质量管理中，这是一个十分重要的指导思想。"用户至上"，就是要树立以用户为中心，为用户服务的思想。要使产品质量和服务质量尽可能满足用户的要求。产品质量的好坏最终应以用户的满意程度为标准。这里所谓用户是广义的，不仅指产品出厂后的直接用户，而且指在企业内部，下道工序是上道工序的用户，如混凝土工程、模板工程的质量直接影响混凝土浇筑这一下道关键工序的质量。每道工序的质量不仅影响下道工序质量，也会影响工程进度和费用。

3. 质量是设计、制造出来的，而不是检验出来的

在生产过程中，检验是重要的，它可以起到不允许不合格品出厂的把关作用，同时还可以将检验信息反馈到有关部门。但影响产品质量好坏的真正原因并不在检验，而主要在于设计和制造。设计质量是先天性的，在设计的时候就已经决定了质量的等级和水平；而制造只是实现设计质量，是符合性质量。两者不可偏废，都应重视。

4. 突出人的积极因素

从某种意义上讲，在开展质量管理活动过程中，人的因素是最积极、最重要的因素。与质量检验阶段和统计质量控制阶段相比较，全面质量管理阶段格外强调调动人的积极因素的重要性。这是因为现代化生产多为大规模系统，环节众多，联系密切复杂，远非单纯靠质量检验或统计方法就能奏效的。必须调动人的积极因素，加强质量意识，发挥人的主观能动性，以确保产品和服务的质量。全面质量管理的特点之一就是全体人员参加的管理，"质量第一，人人有责"。

要增强质量意识，调动人的积极因素，一靠教育，二靠规范，需要通过教育培训和考核，同时还要依靠有关质量的立法以及必要的行政手段等各种激励及处罚措施。

■ 5.3.4　全面质量管理的工作原则 ···

1. 预防原则

在企业的质量管理工作中，要认真贯彻"预防为主"的原则，凡事要防患于未然。在产品制造阶段应该采用科学方法对生产过程进行控制，尽量把不合格品消灭在发生之前。在产品检验阶段，不论是对最终产品或是在制品，都要把质量信息及时反馈并认真处理。

2. 经济原则

全面质量管理强调质量，但无论质量保证的水平或预防不合格的深度都是没有止境的，必须考虑经济性，建立合理的经济界限，这就是所谓经济原则。因此，在产品设计制定质量标准时，在生产过程进行质量控制时，在选择质量检验方式为抽样检验或全数检验等场合，都必须考虑其经济效益。

3. 协作原则

协作是大生产的必然要求。生产和管理分工越细，就越要求协作。一个具体单位的质量问题往往涉及许多部门，如无良好的协作是很难解决的。因此，强调协作是全面质量管理的一条重要原则，也反映了系统科学全局观点的要求。

4. 按照 PDCA 循环组织活动

PDCA 循环是质量体系活动所应遵循的科学工作程序，周而复始，内外嵌套，循环不已，以求质量不断提高。

■ 5.3.5 全面质量管理的运转模式 ....

质量保证体系运转方式是按照计划(P)、执行(D)、检查(C)、处理(A)的管理循环进行的，它包括 4 个阶段和 8 个工作步骤。

1.4 个阶段

(1)计划阶段。按使用者要求，根据具体生产技术条件，找出生产中存在的问题及其原因，拟定生产对策和措施计划。

(2)执行阶段。按预定对策和生产措施计划，组织实施。

(3)检查阶段。对生产成品进行必要的检查和测试，即把执行的工作结果与预定目标对比，检查执行过程中出现的情况和问题。

(4)处理阶段。把经过检查发现的各种问题及用户意见进行处理。凡符合计划要求的予以肯定，形成文标准化。对不符合设计要求和不能解决的问题，转入下一循环以便进一步研究解决。

2. 8 个步骤

(1)调查分析现状，找出问题。这一步骤是对工程质量状况进行调查分析，找出存在的质量问题。不能凭印象和表面作判断，结论要用数据表示。

(2)分析各种影响因素。要把影响质量的可能因素一一加以分析，找出出现问题的各个薄弱环节。

(3)找出主要影响因素。影响因素有主次之分，要努力找出主要因素进行解剖，才能改进工作，提高产品质量。

(4)研究对策，针对主要因素拟定措施，制订计划，确定目标。

以上(1)~(4)属于 P 阶段工作内容。

(5)执行措施，为 D 阶段的工作内容。

(6)检查工作成果，对执行情况进行检查，找出经验教训，为 C 阶段的工作内容。

(7)巩固措施，制定标准，把成熟的措施订成标准(规程、细则)，形成制度。

(8)将遗留问题转入下一个循环。

以上(7)和(8)为 A 阶段的工作内容。

3. PDCA 循环的特点

(1)4 个阶段缺一不可，先后次序不能颠倒。就好像一只转动的车轮，在解决质量问题中滚动前进，逐步使产品质量提高。

(2)企业的内部 PDCA 循环各级都有，整个企业是一个大循环，企业各部门又有自己的循环。大循环是小循环的依据，小循环又是大循环的具体和逐级贯彻落实的体现。

(3)PDCA 循环不是在原地转动，而是在转动中前进。每个循环结束，质量便提高一步。

(4)A 阶段是一个循环的关键，这一阶段的目的在于总结经验，巩固成果，纠正错误，以利于下一个管理循环。

质量的好坏反映了人们质量意识的强弱，也反映了人们对提高产品质量意识的认识水平。有了较强的质量意识，还应使全体成员对全面质量管理的基本思想和方法有所了解。

📖 任务小结

本任务阐述了全面质量管理的概念和要求；全面质量管理的指导思想和工作原则。通过本任务教学，学生可以了解全面质量管理的运转模式。

📖 复习思考题

1. 什么是全面质量管理？
2. 全面质量管理的要求有哪些？
3. 简述全面质量管理的基本指导思想。
4. 简述全面质量管理的运转模式。

任务 5.4　施工质量事故处理

🔖 教学提示

本任务主要介绍建筑工程建设过程中出现的施工质量事故的处理，包括事故发生的原因、事故处理的目的、事故处理的原则和事故处理的程序、方法。

🔖 教学要求

通过本任务教学，学生应了解工程建设项目中为什么会发生工程事故，熟悉事故处理的程序、方法，重点掌握事故处理的原则。

工程建设项目不同于一般工业生产活动，其项目实施的一次性，生产组织特有的流动性、综合性、劳动的密集性、协作关系的复杂性和环境的影响，均导致建筑工程质量事故具有复杂性、严重性、可变性及多发性的特点，事故是很难完全避免的。因此，必须加强组织措施、经济措施和管理措施，严防事故发生，对发生的事故应调查清楚，按有关规定进行处理。

需要指出的是，不少事故开始时经常只被认为是一般的质量缺陷，容易被忽视，随着时间的推移，待认识到这些质量缺陷问题的严重性时，则往往处理困难，甚至最终导致建筑物倒塌。因此，除了明显的不会有严重后果的缺陷外，对其他的质量问题，均应进行分析，进行必要处理，并作出处理意见。

■ 5.4.1　事故发生的原因

工程质量事故发生的原因很多，最基本的还是人、机械、材料、工艺和环境几个方面。一般可分为直接原因和间接原因两类。

直接原因主要有人的行为不规范和材料、机械的不符合规定状态。如设计人员不按规范设计，监理人员不按规范进行监理，施工人员违反规程操作等，均属于人的行为不规范；又如水泥、钢材等某些指标不合格，属于材料的不符合规定状态。

间接原因是指质量事故发生地的环境条件，如施工管理混乱，质量检查监督失职，质量保证体系不健全等。间接原因往往导致直接原因的发生。

事故原因也可以从工程建设的参与各方来寻查，业主、监理、设计、施工和材料、机械、设备供应商的某些行为或各种方法也可能造成质量事故。

■ 5.4.2　事故处理的目的

工程质量事故分析与处理的目的主要是：正确分析事故原因，防止事故恶化；创造正常的施工条件；排除隐患，预防事故的发生；总结经验教训，区分事故责任；采取有效的处理措施，尽量减少经济损失，保证工程质量。

■ 5.4.3　事故处理的原则

质量事故发生后，应坚持"三不放过"的原则，即事故原因不查清不放过，事故主要责任人和职工未受教育不放过，补救措施不落实不放过。发生质量事故，应立即向有关部门（业主、监理单位、设计单位和质量监督机构等）汇报，并提交事故报告。

由质量事故而造成的损失费用，坚持事故责任是谁由谁承担的原则。如责任在施工承包商，则事故分析与处理的一切费用由承包商自己负责；施工中事故责任不在承包商，则承包商可依据合同向业主提出索赔；若事故责任在设计或监理单位，应按照有关合同条款给予相关单位必要的经济处罚。构成犯罪的，移交司法机关处理。

■ 5.4.4　事故处理的程序、方法

事故处理的程序是：①下达工程施工暂停令；②组织调查事故；③事故原因分析；④事故处理与检查验收；⑤下达复工令。

事故处理的方法有两大类：

（1）修补。这种方法适合于通过修补可以不影响工程的外观和正常使用的质量事故。此类事故是施工中多发的。

（2）返工。这类事故是严重违反规范或标准，影响工程使用和安全，且无法修补，必须返工。

有些工程质量问题，虽严重超过了规程、规范的要求，已具有质量事故的性质，但可针对工程的具体情况，通过分析论证，不需作专门处理，但要记录在案。如混凝土蜂窝、麻面等缺陷，可通过涂抹、打磨等方式处理；由于欠挖或模板问题使结构断面被削弱，经

设计复核验算，仍能满足承载要求的，也可不作处理。但必须记录在案，并有设计和监理单位的鉴定意见。

任务小结

本任务主要对建筑工程建设过程中出现的施工质量事故原因、事故处理的目的、事故处理的原则和事故处理的程序、方法进行了阐述。通过本任务教学，学生可以掌握事故处理的原则。

复习思考题

1. 工程建设项目中的质量事故发生的原因有哪些?
2. 简述工程建设项目中事故处理的目的。
3. 简述工程建设项目中事故处理的原则。
4. 简述工程建设项目中事故处理的程序、方法。

任务 5.5　工程质量检查验收制度

教学提示

本任务主要介绍在工程施工中要认真贯彻执行的质量检查、测试、验收制度；主要分项工程重点检验制度(关键工序和特殊工序控制制度)和质量检查验收方案。

教学要求

通过本任务教学，学生应了解工程施工中要认真贯彻执行的质量检查、测试、验收制度；熟悉主要分项工程重点检验制度；重点掌握质量检查验收方案。

工程质量检查、测试、验收是指按照国家施工及验收规范、质量标准所规定的检查项目，用国家规定的方法和手段，对分项工程、分部工程和单位工程进行质量检测，并和质量标准的规定相比较，确定工程质量是否符合要求。为确保工程质量，强化施工过程中的质量控制，做到预防为主、防患于未然。

工程质量的检查验收工作主要包括工程的隐检、预检、分项工程的交接检查验收、工程分阶段结构验收、单位工程竣工检查验收几个部分。

5.5.1　质量检查、测试、验收制度

(1)开工前检验制度。开工前检验的内容及要求：设计文件、施工图纸经审核并依据此

编制施工组织设计及质量计划；施工前的工地调查和复测已进行，并符合要求；各种技术交底工作已进行，特殊作业、关键工序已编制作业指导书；采用的新技术、机具设备、原材料能满足工程质量需要。

（2）施工过程中检验制度。施工中应对以下工作经常进行抽查和重点检验：施工测量及放线正确，精度达到要求；按照图纸施工，操作方法正确，质量符合验收标准；施工原始记录填写完善，记载真实；有关保证工程质量的措施和管理制度是否落实；混凝土、砂浆试件及土方密实度按规定要求进行检测试验和验收，试件组数及强度符合要求；工班严格执行自检、互检、交接检，并有交接记录；工程日志簿填写要符合实际。

（3）定期质量检查制度。项目部每月、工程队每周组织一次定期检查，由项目总工主持，质检部门和有关部门的人员参加。检查发现的问题要认真分析，找准主要原因，提出改进措施，限期进行整改。

（4）检查程序。自检→互检→班组长检查→队内技术人员、专检人员检查→项目部工长检查→项目部专职质检员检查→监理工程师检查。施工队提前 2 h 申报，同时要说明申报部位和施工队自检情况，然后向专业工长报验，合格后向安质部申报，专职质检员检查合格后申报监理。

（5）原材料、半成品、设备及各种加工预制品的检查制度。订货时应依据质量标准签订合同，必要时应先鉴定样品，经鉴定合格的样品应予封存，作为材料验收的依据。产品的进货验证由专业工程师、质检员（试验员）和材料员三方验证合格后，方可使用。

（6）班组的自检和交接检制度。完成或部分完成施工任务时，应及时进行自检，如有不合格的项目应及时进行返工处理，使其达到合格的标准。经工长组织质检员和下道工序的生产班组进行交接检查，确认质量合格后，方可进行下道工序施工。

（7）隐蔽工程验收制度。

1）隐蔽工程验收的主要项目有：主体结构各部位钢筋、现场结构焊接和防水工程等。

2）隐蔽工程必须按规定检查合格并签证后才能覆盖。

3）工程检验签证，除执行国家、有关部委颁布的规定外，还应执行建设项目的有关规定并与建设单位和监理单位协商，明确职责分工，由指定的质量检验人员办理。

4）隐蔽工程未经质量检查人员签认而自行覆盖的，应揭盖补验，由此产生的全部损失由施工单位自负；隐蔽工程验收后，要办理隐蔽工程验收手续，列入工程档案。

5）对于隐蔽工程验收中提出的不符合质量标准的问题，要认真处理，处理后要经复核检查并写明处理情况。未经隐蔽工程验收或验收不合格的，不得进行下道工序施工。隐检由专业工程师主持，质检员、业主代表和监理工程师参加隐检验收。

（8）预检制度。预检项目由工长主持，质检员和有关班组长参加。预检的项目主要有：建筑物位置线、基础尺寸线、模板、墙体轴线和门窗洞口位置线、楼层 50 cm 水平线等。预检后要办理预检手续，列入工程档案。对于预检中提出的不符合质量标准的问题，要认真处理，处理后要经复核检查并写明处理情况。未经预检或预检不合格的，不得进行下道工序施工。

（9）建立样本制。各分项、各工序按设计要求、规范要求质量标准做样板，以样板引路，无样板的分项或工序不得展开施工。施工中如达不到样板的质量，视为不合格产品，要进行返工处理。

(10)建立"三检"制度。自检，分操作人员自检和班组自检。工班长在每日收工前对班组完成工作量进行一次自检，作出记录，工作讲评。

互检，指同一工种或多工种之间，由工程队组织不定期相互检查，主要是互相观摩，交流经验，推广先进操作技术，达到互相促进、共同提高的目的。

交接检，指同一工种的多班制上下班之间或工种的上下工序之间的交接检查。由队(跨队由项目部)组织交接，各工班应做到不合格的活不出手、不出班组，上道工序不合格，下道工序不施工。

各分包单位、外包队、施工班组在施工中均要按照施工验收规范进行工序自检，并认真填写检查记录。凡无"三检"记录、上交不及时或不上交的均按该项目未完成论(不予工程结算)，专职质检员可行使令其停止下道工序施工的职权。

(11)工序交接检制。各工序在进行自检的基础上，工序之间进行交接检查，并办理交接手续。上道工序如达不到质量要求或未办理交接手续，下道工序有权拒绝接受，并不进行下道工序施工，耽误的工期和试件由上道工序承担。

(12)全面贯彻执行国家有关质量管理的方针、政策、法律、法规。

(13)使质量检查工作明确职责，严格制度，预防为主，充分发挥质量检查人员的积极作用。

(14)根据国家规定的技术标准、验收规范、操作规程和设计要求，在整个施工过程中的各个环节进行全面的检查和监督。

(15)及时掌握质量信息，分析质量动态，为上级及有关部门提供质量数据。

(16)质量检查人员应由责任心强、坚持原则、具有一定技术水平和施工经验、身体健康、适合现场工作的人员担任。

(17)隐、预检施工中需作隐、预检手续的项目必须办理隐、预检，按要求组织检查并及时办理手续，不办理隐、预检手续，下道工序不得施工。

(18)在结构验收和单位工程竣工交验过程中不仅要检查建筑物实体的外观质量，还要检查相关内业资料。检查资料前项目总工将验收部位的内业资料检查一遍，保证内业资料的完整性和正确性。

■ 5.5.2　主要分项工程重点检验制度(关键工序和特殊工序控制制度)·······················

1. 地面工程检验要点

(1)各种面层的材质、强度和密实度；

(2)基层清理及其与面层的结合；

(3)操作程序及养护；

(4)面层的标高和坡度。

2. 抹灰工程检验要点

(1)基层整理、清理及樘子嵌填；

(2)塌饼、柱头以及护角线的控制；

(3)各类装饰材料的质量；

(4)操作程序及层间结合；

(5)细部处理。

3. 防水工程检验要点

(1)卷材和胶结材料的质量；

(2)基层坡度、平整度以及干燥程度；

(3)卷材的铺贴程序；

(4)泛水、檐口、变形缝的处理。

4. 钢支撑架设工程检验要点

(1)钢支撑的长度、直径、壁厚；

(2)架设位置、轴线、与托架的垂直度；

(3)轴力加设。

5. 土方开挖工程检验要点

(1)开挖深度、开挖顺序；

(2)基底检验。

6. 暗挖工程检验要点

(1)土方开挖的中线、高程，严禁超挖；

(2)钢格栅安装的位置、连接筋、连接板焊接质量；

(3)超前小导管注浆压力、注浆量；

(4)初支及二衬背后回填注浆质量。

■ **5.5.3 质量检查验收方案** ···

为了统筹工程施工全面的质量管理，明确工程施工质量的验收，严格各分部、分项的质量验收程序，严把工程施工各分部、分项的质量验收关，确保工程施工质量符合规范标准。依据《建设工程质量管理条例》，相关建设工程质量验收规范，法律法规、条文等，结合工程施工制定验收要求。

(1)施工单位应建立健全施工质量检验制度，严格工序管理。

(2)施工单位应做好隐蔽工程的检查和记录，隐蔽工程隐蔽前，施工单位必须上报工程部和监理部及质量检测机构进行隐蔽前的验收工作。

(3)施工单位必须按照设计要求、施工技术标准和合同约定，对工程施工各环节进行检验，检验应当有书面记录和专人签字，否则，不予以验收。

(4)施工单位应做好各工序的自检、互检、交接检工作，在自检合格的基础上，提前上报监理部，凡不自检或自检不合格不予验收。

(5)各分部、分项工程的验收与施工资料必须同步，验收前应将工序施工资料上报监理部，资料应真实、准确地反映工序施工的真实情况，否则不予验收。

(6)各分部、分项工程的验收必须由施工单位的质检员或技术负责人向监理部申报，否则不予验收。

(7)分部、分项工程验收前安全措施必须到位，否则不予验收。

本任务阐述了工程施工中需要认真贯彻执行的质量检查、测试、验收制度；主要分项工程重点检验制度(关键工序和特殊工序控制制度)和质量检查验收方案。通过本任务教学，学生可以根据验收要求根据工程实际情况选择验收方案进行验收。

1. 什么是工程质量检查？
2. 工程质量的检查验收工作内容包括哪些？
3. 工程施工中的检查程序是什么？
4. 简述隐蔽工程验收。
5. 简述主要分项工程重点检验制度。
6. 依据《建设工程质量管理条例》，相关建设工程质量规范法规等，简述工程验收要求。

任务 5.6　建筑工程质量的控制方法

教学提示

本任务主要介绍建筑工程质量的控制方法，如直方图法、排列图法、因果分析图法、管理图法、相关图法、调查分析法和分层法。在进行施工质量控制中具体采用何种控制方法根据实际情况确定。

教学要求

通过本任务教学，学生应了解建筑工程中使用的施工质量控制方法，能够掌握在进行施工质量控制中根据实际情况确定具体采用何种控制方法。

建筑工程质量控制用数理统计方法可以科学地掌握质量状态，分析存在的质量问题，了解影响质量的各种因素，达到提高工程质量和经济效益的目的。建筑工程上常用的施工质量控制方法有：直方图法、排列图法、因果分析图法、管理图法、相关图法、调查分析法和分层法，在进行施工质量控制中具体采用何种控制方法根据实际情况确定。

1. 直方图法

直方图法是将产品频率的分布状态用直方形来表示，根据直方的分布形状和公差界限的距离来观察、探索质量分布规律，分析判断整个生产过程是否正常。

2. 排列图法

排列图法也称为巴雷特曲线法，是根据施工工艺对项目进行逐个检查测试，把影响项目质量的所有因素逐一排列出来，从中区分主次，抓住关键问题，采取切实措施，从而确保项目质量。

3. 因果分析图法

因果分析图又叫作特性要因图、鱼刺图、树枝图。这是一种逐步深入研究和讨论质量问题的图示方法。例如，影响复合砂浆加固混凝土施工质量的因素较多，这些原因有大有小，把这些原因依照大小次序分别用主干、大枝、中枝和小枝图形表示出来，便于一目了然地系统观察出产生质量问题的原因。运用因果分析图可以帮助我们制定对策，解决工程中存在的问题，从而达到控制质量的目的。

4. 管理图法

管理图又叫作控制图，它是反映生产工序随时间变化而发生的质量变动的状态，即反映生产过程中各个阶段质量波动状态的图形。质量管理图就是利用上下控制界限，将产品质量特性控制在正常质量波动范围之内，一旦有异常原因引起质量波动，通过管理图就可看出，能及时采取措施预防不合格品的产生。

5. 相关图法

相关图又叫作散布图，就是把两个变量之间的相关关系，用直角坐标系表示出来，借以观察判断两个质量特性之间的关系，以便对加固施工工序进行有效的控制。

6. 调查分析法

调查分析法又称调查表法，是利用表格进行数据收集和统计的一种方法，表格形式根据需要自行设计，应便于统计、分析。

7. 分层法

分层法又称分类法或分组法，就是将收集到的质量数据，按统计分析的需要，进行分类整理，使之系统化，以便于找到产生质量问题的原因，及时采取措施加以预防。

分层法的关键是调查分析的类别和层划分，根据管理需要和统计目的，通常可按照以下分层方法取得原始数据：

(1)按施工时间分，如季节、月、日、上午、下午、白天、晚间。

(2)按地区部位分，如区域、城市、乡村、楼层、外墙、内墙。

(3)按产品材料分，如产地、厂商、规格、品种。

(4)按检测方法分，如方法、仪器、测定人、取样方式。

(5)按作业组织分，如工法、班组、工长、工人、分包商。

(6)按工程类型分，如住宅、办公楼、道路桥梁、隧道。

(7)按合同结构分，如总承包、专业分包、劳务分包。

🗒 任务小结

本任务主要阐述了建筑工程质量的控制方法，有直方图法、排列图法、因果分析图法、管理图法、相关图法、调查分析法和分层法。通过本任务教学，学生可以在进行施工质量控制中根据实际情况确定具体采用何种控制方法。

复习思考题

1. 简述建筑工程质量控制。
2. 建筑工程上常用的施工质量控制方法有哪些?
3. 施工质量控制中的直方图法是什么?
4. 施工质量控制中的因果分析图法是什么?
5. 施工质量控制中的分层法是什么?

实训练习题

1. 通过课堂学习,熟悉建筑工程质量控制的原理、内容与方法。
2. 组织进行施工现场学习,在现场工程师指导下检查建筑工程施工质量,仔细观察并提出问题加以思考。
3. 完成现场学习报告。

项目6 建筑工程安全管理

知识目标

(1)了解建筑工程安全管理的特点、意义。
(2)理解安全生产管理制度、安全技术规范。
(3)掌握安全事故分类及处理方法。

技能目标

(1)能用相关制度进行安全管理，做到事前、事中控制，防止安全事故的发生。
(2)能够根据施工安全技术措施做好施工安全控制。
(3)发生安全事故后，能够积极处理。

素质目标

(1)培养学生的安全意识，时刻牢记安全生产。
(2)培养学生综合处理问题的能力，遇事能积极应对。

任务6.1 安全管理概述

教学提示

本任务主要介绍了安全、安全生产、安全管理和建筑工程安全管理的概念，建筑工程安全管理的特点及意义，重点掌握建筑工程安全管理的概念。

教学要求

通过本任务的教学，让学生掌握安全管理的概念，从而提高安全管理的认识，时时刻刻牢记安全。

■ 6.1.1 建筑工程安全管理的概念 ···

1. 安全

安全是指没有危险、不出事故的状态。其包括人身安全、设备与财产安全、环境安全等。通俗地讲，安全就是指安稳，即人的平安无事，物的安稳可靠，环境的安定良好。

美国著名学者马斯洛的需求理论把需求分成生理需求、安全需求、社交需求、尊重需求和自我实现需求五类，依次由较低层次到较高层次进行排列。即人类在满足生存需求的基础上，谋求安全的需要，这是人类要求保障自身安全、摆脱失业和丧失财产威胁、避免职业病的侵袭等方面的需要。

可见安全对我们来说，极为重要，离开了安全，一切都失去了意义。

2. 安全生产

安全生产就是指在劳动生产过程中，通过努力改善劳动条件，克服不安全因素，防止伤亡事故发生，使劳动生产在保障劳动者安全健康和国家财产不受损失的前提下顺利进行。

安全生产一直以来是我国的重要国策。安全与生产的关系可用"生产必须安全，安全促进生产"这句话来概括。二者是有机的整体，不能分割更不能对立。

对国家来说，安全生产关系到国家的稳定、国民经济健康持续的发展以及构建和谐社会目标的实现。

对社会来说，安全生产是社会进步与文明的标志。一个伤亡事故频发的社会不能称为文明的社会。

对企业来说，安全生产是企业效益的前提。一旦发生安全生产事故，将会造成企业有形和无形的经济损失，甚至会给企业造成致命的打击。

对家庭来说，一次伤亡事故，可能造成一个家庭的支离破碎。这种打击往往会给家庭成员带来经济、心理、生理等多方面的创伤。

对个人来说，最宝贵的便是生命和健康，而频发的安全生产事故使二者受到严重的威胁。

由此可见，安全生产的意义非常重大。"安全第一，预防为主"早已成为我国安全生产管理的基本方针。

3. 安全管理

管理是指在某组织中的管理者，为了实现组织 既定目标而进行的计划、组织、指挥、协调和控制的过程。

安全管理可以定义为管理者为实现安全生产目标对生产活动进行的计划、组织、指挥、协调和控制的一系列活动，以保护员工的安全与健康。

建筑工程安全管理是安全管理原理和方法在建筑领域的具体应用。所谓建筑工程安全管理，是指以国家的法律、法规、技术标准和施工企业的标准及制度为依据，采取各种手段，对建筑工程生产的安全状况实施有效制约的一切活动，是管理者对安全生产进行建章立制，进行计划、组织、指挥、协调和控制的一系列活动，是建筑工程管理的一个重要部分。它包括宏观安全管理和微观安全管理两个方面。

宏观安全管理主要是指国家安全生产管理机构以及建设行政主管部门从组织、法律法规、执法监察等方面对建设项目的安全生产进行管理。它是一种间接的管理，同时也是微观管理的行动指南。实施宏观安全管理的主体是各级政府机构。

微观安全管理主要是指直接参与对建设项目的安全管理，它包括建筑企业、业主或业主委托的监理机构、中介组织等对建筑项目安全生产的计划、组织、实施、控制、协调、监督和管理。微观管理是直接的、具体的，它是安全管理法律法规以及标准指南的体现。实现微观安全管理的主体主要是施工企业及其他相关企业。

宏观和微观的建筑安全管理对建筑安全生产都是必不可少的，他们是相辅相成的。为了保护建筑业从业人员的安全，保证生产的正常进行，就必须加强安全管理，消除各种危险因素，确保安全生产。只有抓好安全生产，才能提高生产经营单位的安全程度。

4. 安全管理在项目管理中的地位

建筑工程安全管理对国家发展、社会稳定、企业盈利、人民安居有着重大意义，是工程项目管理的内容之一。质量、成本、工期、安全是建筑工程项目管理的四大控制目标。它们之间的关系如图 6-1 所示。

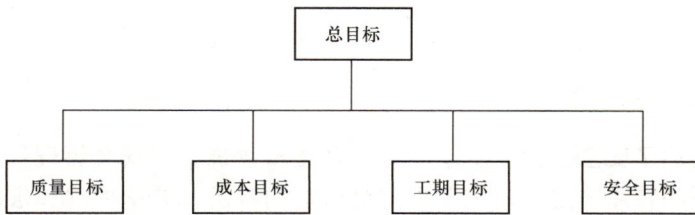

图 6-1　建筑工程项目四大目标层次图

（1）安全是质量的基础。只有良好的安全措施保证，作业人员才能有较好地发挥技术水平，质量也就有了保障。

（2）安全是进度的前提。只有在安全工作完全落实的条件下，建筑业在缩短工期时才不会出现严重的不安全事故。

（3）安全是成本的保证。安全事故的发生必会对建筑企业和业主带来巨大的经济损失，工程建设也无法顺利进行。

这四个目标互相作用，形成一个有机的整体，共同推动项目的实施。只有四大目标统一实现，项目管理的总目标才得以实现。

■ 6.1.2　建筑工程安全管理的特点

1. 管理面广

由于建设工程规模较大，生产工艺复杂、工序多，遇到不确定因素多，安全管理工作涉及范围广，控制面广。

2. 管理的动态性

建设工程项目的单件性使得每项工程所处的条件不同，所面临的危险因素和防范措施也会有所改变，有些工作制度和安全技术措施也会有所调整，员工需要有个熟悉的过程。

3. 管理系统的交叉性

建设工程项目是开放系统，受自然环境和社会环境影响很大，安全控制需要把工程系统和环境系统及社会系统结合起来。

4. 管理的严谨性

安全状态具有触发性，其控制措施必须严谨，一旦失控，就会造成损失和伤害。

■ 6.1.3　建筑工程安全管理的意义

(1)做好安全管理是防止伤亡事故和职业危害的根本对策。

(2)做好安全管理是贯彻落实"安全第一、预防为主"方针的基本保证。

(3)有效的安全管理是促进安全技术和劳动卫生措施发挥应有作用的动力。

(4)安全管理是施工质量的保障。

(5)做好安全管理，有助于改进企业管理，全面推动企业各方面工作的进步，促进经济效益的提高。安全管理是企业管理的重要组成部分，与企业的其他管理密切联系、互相影响、互相促进。

任务小结

本任务主要阐述了安全、安全生产、安全管理和建筑工程安全管理的概念、特点及意义。建筑工程管理的特点决定了建筑工程安全管理的难度，要从微观和宏观两个方面去进行监督管理，让学生时刻牢记"安全第一、预防为主"。

复习思考题

1. 简述建筑工程安全管理的概念。
2. 简述安全管理在项目管理中的地位。
3. 简述建筑工程安全管理的特点。
4. 简述建筑工程安全管理的意义。

参考答案

任务 6.2　安全生产管理制度

教学提示

本任务主要介绍了安全生产责任制度、安全生产许可证制度等十四种安全生产管理制度。

教学要求

通过本任务的学习，让学生熟悉安全生产管理制度，知道用制度规范建设工程生产行为，对提高建设工程安全生产水平的重要性。

由于建设工程规模大、周期长、参与人数多、环境复杂多变，安全生产的难度很大。因此，通过建立各项制度，规范建设工程的生产行为，对于提高建设工程安全生产水平是非常重要的。

《建筑法》《中华人民共和国安全生产法》（以下简称《安全生产法》）、《安全生产许可条例》《建设工程安全生产管理条例》《建筑施工企业安全生产许可证管理规定》等建设工程相关法律法规和部门规章对政府部门、有关企业及相关人员的建设工程安全生产和管理行为进行了全面的规范，确立了一系列建设工程安全生产管理制度。现阶段正在执行的主要安全生产管理制度有以下几种。

■ 6.2.1 安全生产责任制度

安全生产责任制是最基本的安全管理制度，是所有安全生产管理制度的核心。安全生产责任制是按照安全生产管理方针和"管生产的同时必须管安全"的原则，将各级负责人员、各职能部门及其工作人员和各岗位生产工人在安全生产方面应做的事情及应负的责任加以明确规定的一种制度。具体来说，就是将安全生产责任分解到相关单位的主要负责人、项目负责人、班组长以及每个岗位的作业人员身上。

■ 6.2.2 安全生产许可证制度

《安全生产许可证条例》规定，国家对建筑施工企业实施安全生产许可证制度。其目的是为了严格规范安全生产条件，进一步加强安全生产监督管理，防止和减少生产安全事故。

国务院建设主管部门负责中央管理的建筑施工企业安全生产许可证的颁发和管理；其他企业由省、自治区、直辖市人民政府建设主管部门进行颁发和管理，并接受国务院建设主管部门的指导和监督。

企业进行生产前，应当依照该条例的规定向安全生产许可证颁发管理机关申请领取安全生产许可证，并提供相关文件、资料。安全生产许可证颁发管理机关应当自收到申请之日起 45 日内审查完毕，经审查符合该条例规定的安全生产条件的，颁发安全生产许可证；不符合该条例规定的安全生产条件的，不予颁发安全生产许可证，书面通知企业并说明理由。安全生产许可证的有效期为 3 年。安全生产许可证有效期满需要延期的，企业应当于期满前 3 个月向原安全生产许可证颁发管理机关办理延期手续。企业在安全生产许可证有效期内，严格遵守有关安全生产的法律法规，未发生死亡事故的，安全生产许可证有效期届满时，经原安全生产许可证颁发管理机关同意，不再审查，安全生产许可证有效期延期 3 年。企业不得转让、冒用安全生产许可证或者使用伪造的安全生产许可证。

■ 6.2.3　政府安全生产监督检查制度 ·····································

政府安全监督检查制度是指国家法律、法规授权的行政部门，代表政府对企业的安全生产过程实施监督管理。《建设工程安全生产管理条例》第五章"监督管理"对建设工程安全监督管理的规定内容如下：

（1）国务院负责安全生产监督管理的部门依照《中华人民共和国安全生产法》的规定，对全国建设工程安全生产工作实施综合监督管理。

（2）县级以上地方人民政府负责安全生产监督管理的部门依照《中华人民共和国安全生产法》的规定，对本行政区域内建设工程安全生产工作实施综合监督管理。

（3）国务院建设行政主管部门对全国的建设工程安全生产实施监督管理。国务院铁路、交通、水利等有关部门按照国务院规定的职责分工，负责有关专业建设工程安全生产的监督管理。

（4）县级以上地方人民政府建设行政主管部门对本行政区域内的建设工程安全生产实施监督管理。县级以上地方人民政府交通、水利等有关部门在各自的职责范围内，负责本行政区域内的专业建设工程安全生产的监督管理。

（5）县级以上人民政府负有建设工程安全生产监督管理职责的部门在各自的职责范围内履行安全监督检查职责时，有权纠正施工中违反安全生产要求的行为，责令立即排除检查中发现的安全事故隐患，对重大隐患可以责令暂时停止施工。建设行政主管部门或者其他有关部门可以将施工现场安全监督检查委托给建设工程安全监督机构具体实施。

■ 6.2.4　安全生产教育培训制度 ·····································

企业安全生产教育培训一般包括对管理人员、特种作业人员和企业员工的安全教育。

1. 管理人员的安全教育

（1）企业领导的安全教育。企业法定代表人安全教育的主要内容包括：

1）国家有关安全生产的方针、政策、法律、法规及有关规章制度；

2）安全生产管理职责、企业安全生产管理知识及安全文化；

3）有关事故案例及事故应急处理措施等。

（2）项目经理、技术负责人和技术干部的安全教育。项目经理、技术负责人和技术干部安全教育的主要内容包括：

1）安全生产方针、政策和法律、法规；

2）项目经理部安全生产责任；

3）典型事故案例剖析；

4）本系统安全及其相应的安全技术知识。

（3）行政管理干部的安全教育。行政管理干部安全教育的主要内容包括：

1）安全生产方针、政策和法律、法规；

2）基本的安全技术知识；

3）本职的安全生产责任。

（4）企业安全管理人员的安全教育。企业安全管理人员安全教育内容应包括：

1)国家有关安全生产的方针、政策、法律、法规和安全生产标准;

2)企业安全生产管理、安全技术、职业病知识、安全文件;

3)员工伤亡事故和职业病统计报告及调查处理程序;

4)有关事故案例及事故应急处理措施。

(5)班组长和安全员的安全教育。班组长和安全员的安全教育内容包括:

1)安全生产法律、法规、安全技术及技能、职业病和安全文化的知识;

2)本企业、本班组和工作岗位的危险因素、安全注意事项;

3)本岗位安全生产职责;

4)典型事故案例;

5)事故抢救与应急处理措施。

2. 特种作业人员的安全教育

特种作业人员必须经专门的安全技术培训并考核合格,取得《中华人民共和国特种作业操作证》后,方可上岗作业。特种作业人员应当接受与其所从事的特种作业相应的安全技术理论培训和实际操作培训。已经取得职业高中、技工学校及中专以上学历的毕业生从事与其所学专业相应的特种作业,持学历证明经考核发证机关同意,可以免予相关专业的培训。

跨省、自治区、直辖市从业的特种作业人员,可以在户籍所在地或者从业所在地参加培训。

3. 企业员工的安全教育

企业员工的安全教育主要有新员工上岗前的三级安全教育、改变工艺和变换岗位安全教育、经常性安全教育三种形式。

(1)新员工上岗前的三级安全教育。三级安全教育通常是指进厂、进车间、进班组三级,对建设工程来说,具体指企业(公司)、项目(或工区、工程处、施工队)、班组三级。企业新员工上岗前必须进行三级安全教育,企业新员工须按规定通过三级安全教育和实际操作训练,并经考核合格后方可上岗。

1)企业(公司)级安全教育由企业主管领导负责,企业职业健康安全管理部门会同有关部门组织实施,内容应包括安全生产法律、法规,通用安全技术、职业卫生和安全文化的基本知识,本企业安全生产规章制度及状况、劳动纪律和有关事故案例等内容。

2)项目(或工区、工程处、施工队)级安全教育由项目级负责人组织实施,专职或兼职安全员协助,内容包括工程项目的概况、安全生产状况和规章制度、主要危险因素及安全事项、预防工伤事故和职业病的主要措施、典型事故案例及事故应急处理措施等。

3)班组级安全教育由班组长组织实施,内容包括遵章守纪,岗位安全操作规程,岗位间工作衔接配合的安全生产事项,典型事故及发生事故后应采取的紧急措施,劳动防护用品(用具)的性能及正确使用方法等内容。

(2)改变工艺和变换岗位时的安全教育。

1)企业(或工程项目)在实施新工艺、新技术或使用新设备、新材料时,必须对有关人员进行相应级别的安全教育,要按新的安全操作规程教育和培训参加操作的岗位员工和有关人员,使其了解新工艺、新设备、新产品的安全性能及安全技术,以适应新的岗位作业的安全要求。

2）当组织内部员工发生从一个岗位调到另外一个岗位，或从某工种改变为另一工种，或因放长假离岗一年以上重新上岗的情况，企业必须进行相应的安全技术培训和教育，以使其掌握现岗位安全生产特点和要求。

（3）经常性安全教育。无论何种教育都不可能是一劳永逸的，安全教育同样如此，必须坚持不懈、经常不断地进行，这就是经常性安全教育。在经常性安全教育中，安全思想、安全态度教育最重要。进行安全思想、安全态度教育，要通过采取多种多样形式的安全教育活动，激发员工搞好安全生产的热情，促使员工重视和真正实现安全生产。经常性安全教育的形式有：每天的班前班后会上说明安全注意事项，安全活动日，安全生产会议，事故现场会，张贴安全生产招贴画、宣传标语及标志等。

■ 6.2.5　安全措施计划制度

安全措施计划制度是指企业进行生产活动时，必须编制安全措施计划，它是企业有计划地改善劳动条件和安全卫生设施，防止工伤事故和职业病的重要措施之一，对企业加强劳动保护，改善劳动条件，保障职工的安全和健康，促进企业生产经营的发展都起着积极作用。

■ 6.2.6　特种作业人员持证上岗制度

《建设工程安全生产管理条例》第二十五条规定："垂直运输机械作业人员、安装拆卸工、爆破作业人员、起重信号工、登高架设作业人员等特种作业人员，必须按照国家有关规定经过专门的安全作业培训，并取得特种作业操作资格证书后，方可上岗作业。"

特种作业操作证由安全监管总局统一式样、标准及编号。特种作业操作证有效期为6年，在全国范围内有效。特种作业操作证每3年复审1次。特种作业人员在特种作业操作证有效期内，连续从事本工种10年以上，严格遵守有关安全生产法律法规的，经原考核发证机关或者从业所在地考核发证机关同意，特种作业操作证的复审时间可以延长至每6年1次。特种作业操作证申请复审或者延期复审前，特种作业人员应当参加必要的安全培训并考试合格。安全培训时间不少于8个学时，主要培训法律、法规、标准、事故案例和有关新工艺、新技术、新装备等知识。

■ 6.2.7　专项施工方案专家论证制度

依据《建设工程安全生产管理条例》第二十六条规定，施工单位应当在施工组织设计中编制安全技术措施和施工现场临时用电方案，对下列达到一定规模的危险性较大的分部分项工程编制专项施工方案，并附具安全验算结果，经施工单位技术负责人、总监理工程师签字后实施，由专职安全生产管理人员进行现场监督，包括基坑支护与降水工程；土方开挖工程；模板工程；起重吊装工程；脚手架工程；拆除、爆破工程；国务院建设行政主管部门或者其他有关部门规定的其他危险性较大的工程。对上述所列工程中涉及深基坑、地下暗挖工程、高大模板工程的专项施工方案，施工单位还应当组织专家进行论证、审查。

■ 6.2.8 危及施工安全工艺、设备、材料淘汰制度

严重危及施工安全的工艺、设备、材料是指不符合生产安全要求，极有可能导致生产安全事故发生，致使人民生命和财产遭受重大损失的工艺、设备和材料。《建设工程安全生产管理条例》第四十五条规定："国家对严重危及施工安全的工艺、设备、材料实行淘汰制度。具体目录由国务院建设行政主管部门会同国务院其他有关部门制定并公布。"本条明确规定，国家对严重危及施工安全的工艺、设备和材料实行淘汰制度，一方面有利于保障安全生产；另一方面也体现了优胜劣汰的市场经济规律，有利于提高生产经营单位的工艺水平，促进设备更新。根据本条的规定，对严重危及施工安全的工艺、设备和材料，实行淘汰制度，需要国务院建设行政主管部门会同国务院其他有关部门确定哪些是严重危及施工安全的工艺、设备和材料，并且以明示的方法予以公布。对于已经公布的严重危及施工安全的工艺、设备和材料，建设单位和施工单位都应当严格遵守和执行，不得继续使用此类工艺和设备，也不得转让他人使用。

■ 6.2.9 施工起重机械使用登记制度

《建设工程安全生产管理条例》第三十五条规定："施工单位应当自施工起重机械和整体提升脚手架、模板等自升式架设设施验收合格之日起 30 日内，向建设行政主管部门或者其他有关部门登记。登记标志应当置于或者附着于该设备的显著位置。"

这是对施工起重机械的使用进行监督和管理的一项重要制度，能够有效防止不合格机械和设施投入使用；同时，还有利于监管部门及时掌握施工起重机械和整体提升脚手架、模板等自升式架设设施的使用情况，以利于监督管理。

监管部门应当对登记的施工起重机械建立相关档案，及时更新，加强监管，减少生产安全事故的发生。施工单位应当将标志置于显著位置，便于使用者监督，保证施工起重机械的安全使用。

■ 6.2.10 安全检查制度

1. 安全检查的目的

安全检查制度是清除隐患、防止事故、改善劳动条件的重要手段，是企业安全生产管理工作的一项重要内容。通过安全检查可以发现企业及生产过程中的危险因素，以便有计划地采取措施，保证安全生产。

2. 安全检查的方式

安全检查方式有企业组织的定期安全检查，各级管理人员的日常巡回检查，专业性检查，季节性检查，节假日前后的安全检查，班组自检、交接检查，不定期检查等。

3. 安全检查的内容

安全检查的主要内容包括：查思想、查管理、查隐患、查整改、查伤亡事故处理等。安全检查的重点是检查"三违"和安全责任制的落实。检查后应编写安全检查报告，报告应包括以下内容：已达标项目，未达标项目，存在问题，原因分析，纠正和预防措施。

4. 安全隐患的处理程序

对查出的安全隐患，不能立即整改的要制定整改计划，定人、定措施、定经费、定完成日期，在未消除安全隐患前，必须采取可靠的防范措施，如有危及人身安全的紧急险情，应立即停工。应按照"登记→整改→复查→销案"的程序处理安全隐患。

■ 6.2.11　生产安全事故报告和调查处理制度 ·································

关于生产安全事故报告和调查处理制度，《中华人民共和国安全生产法》《中华人民共和国建筑法》《建设工程安全生产管理条例》《生产安全事故报告和调查处理条例》《特种设备安全监察条例》等法律法规都对此作了相应的规定。

■ 6.2.12　"三同时"制度 ·································

"三同时"制度是指凡是我国境内新建、改建、扩建的基本建设项目（工程），技术改建项目（工程）和引进的建设项目，其安全生产设施必须符合国家规定的标准，必须与主体工程同时设计、同时施工、同时投入生产和使用。安全生产设施主要是指安全技术方面的设施、职业卫生方面的设施、生产辅助性设施。

《中华人民共和国劳动法》第五十三条规定："新建、改建、扩建工程的劳动安全卫生设施必须与主体工程同时设计、同时施工、同时投入生产和使用。"

《中华人民共和国安全生产法》第二十八条规定："生产经营单位新建、改建、扩建工程项目的安全设施，必须与主体工程同时设计、同时施工、同时投入生产和使用。安全设施投资应当纳入建设项目概算。"

新建、改建、扩建工程的初步设计要经过行业主管部门、安全生产管理部门、卫生部门和工会的审查，同意后方可进行施工；工程项目完成后，必须经过主管部门、安全生产管理行政部门、卫生部门和工会的竣工检验；建设工程项目投产后，不得将安全设施闲置不用，生产设施必须和安全设施同时使用。

■ 6.2.13　安全预评价制度 ·································

安全预评价是在建设工程项目前期，应用安全评价的原理和方法对工程项目的危险性、危害性进行预测性评价。开展安全预评价工作，是贯彻落实"安全第一、预防为主"方针的重要手段，是企业实施科学化、规范化安全管理的工作基础。科学、系统地开展安全评价工作，不仅直接起到了消除危险有害因素、减少事故发生的作用，有利于全面提高企业的安全管理水平，而且有利于系统地、有针对性地加强对不安全状况的治理、改造，最大限度地降低安全生产风险。

■ 6.2.14　意外伤害保险制度 ·································

根据《建筑法》第四十八条规定，建筑职工意外伤害保险是法定的强制性保险。2003 年 5 月23 日，原建设部公布了《建设部关于加强建筑意外伤害保险工作的指导意见》（建质〔2003〕107 号），从九个方面对加强和规范建筑意外伤害保险工作提出了较详尽的规定，明确了建筑施工企业应当为施工现场从事施工作业和管理的人员，在施工活动过程中发生的人身意外伤亡事故提供保障，办理建筑意外伤害保险、支付保险费，范围应当覆盖工程项目。同时，还对保险期限、金额、保费、投保方式、索赔、安全服务及行业自保等都提出了指导性意见。

任务小结

本任务主要阐述了安全生产责任制度、安全生产许可证制度、政府安全生产监督检查制度、安全生产教育培训制度、安全措施计划制度、特种作业人员持证上岗制度、专项施工方案专家论证制度、危及施工安全工艺、设备、材料淘汰制度、施工起重机械使用登记制度、安全检查制度、生产安全事故报告和调查处理制度、"三同时"制度、安全预评价制度、意外伤害保险制度，让学生们理解各项安全管理制度的内容，知道如何去进行安全管理。

复习思考题

1. 现阶段我国正在执行的主要安全生产管理制度有哪些？
2. 简述安全检查的方式和内容。若发生的安全隐患，如何进行处理？
3. 安全生产教育培训制度包括哪些内容？

参考答案

任务6.3 施工安全技术规范

教学提示

本任务主要介绍了施工安全控制、安全技术措施的一般要求和主要内容，安全技术交底。

教学要求

通过本任务的教学，让学生们熟悉安全技术措施，掌握安全技术交底的内容及要求。

6.3.1 建设工程施工安全措施

1. 施工安全控制

（1）安全控制的概念。安全控制是生产过程中涉及的计划、组织、监控、调节和改进等一系列致力于满足生产安全所进行的管理活动。

（2）安全控制的目标。安全控制的目标是减少和消除生产过程中的事故，保证人员健康安全和财产免受损失。具体应包括：

1)减少或消除人的不安全行为的目标；

2)减少或消除设备、材料的不安全状态的目标；

3)改善生产环境和保护自然环境的目标。

（3）施工安全控制的特点。建设工程施工安全控制的特点主要有以下几个方面：

1)控制面广。由于建设工程规模较大，生产工艺复杂、工序多，在建造过程中流动作业多，高处作业多，作业位置多变，遇到的不确定因素多，安全控制工作涉及范围大，控制面广。

2)控制的动态性。

①由于建设工程项目的单件性，使得每项工程所处的条件不同，所面临的危险因素和防范措施也会有所改变，员工在转移工地后，熟悉一个新的工作环境需要一定的时间，有些工作制度和安全技术措施也会有所调整，员工同样有个熟悉的过程。

②由于建设工程项目施工的分散性，现场施工分散于施工现场的各个部位，尽管有各种规章制度和安全技术交底的环节，但是面对具体的生产环境时，仍然需要自己的判断和处理，有经验的人员还必须适应不断变化的情况。

③控制系统交叉性，建设工程项目是开放系统，受自然环境和社会环境影响很大，同时也会对社会和环境造成影响，安全控制需要把工程系统、环境系统及社会系统结合起来。

④控制的严谨性，由于建设工程施工的危害因素复杂、风险程度高、伤亡事故多，所以预防控制措施必须严谨，如有疏漏就可能发展到失控而酿成事故，造成损失和伤害。

（4）施工安全的控制程序。

1)确定每项具体建设工程项目的安全目标。按"目标管理"方法在以项目经理为首的项目管理系统内进行分解，从而确定每个岗位的安全目标，实现全员安全控制。

2)编制建设工程项目安全技术措施计划。工程施工安全技术措施计划是对生产过程中的不安全因素，用技术手段加以消除和控制的文件，是落实"预防为主"方针的具体体现，是进行工程项目安全控制的指导性文件。

3)安全技术措施计划的落实和实施。安全技术措施计划的落实和实施包括建立健全安全生产责任制，设置安全生产设施，采用安全技术和应急措施，进行安全教育和培训，安全检查，事故处理，沟通和交流信息，通过一系列安全措施的贯彻，使生产作业的安全状况处于受控状态。

4)安全技术措施计划的验证。安全技术措施计划的验证是通过施工过程中对安全技术措施计划实施情况的安全检查，纠正不符合安全技术措施计划的情况，保证安全技术措施的贯彻和实施。

5)持续改进。根据安全技术措施计划的验证结果，对不适宜的安全技术措施计划进行修改、补充和完善。

2. 施工安全技术措施的一般要求和主要内容

（1）施工安全技术措施的一般要求。

1)施工安全技术措施必须在工程开工前制定。施工安全技术措施是施工组织设计的重要组成部分，应在工程开工前与施工组织设计一同编制。为保证各项安全设施的落实，在工程图纸会审时，就应特别注意考虑安全施工的问题，并在开工前制定好安全技术措施，使得用于该工程的各种安全设施有较充分的时间进行采购、制作和维护等准备工作。

2）施工安全技术措施要有全面性。按照有关法律法规的要求，在编制工程施工组织设计时，应当根据工程特点制定相应的施工安全技术措施。对于大中型工程项目、结构复杂的重点工程，除必须在施工组织设计中编制施工安全技术措施外，还应编制专项工程施工安全技术措施，详细说明有关安全方面的防护要求和措施，确保单位工程或分部分项工程的施工安全。对爆破、拆除、起重吊装、水下、基坑支护和降水、土方开挖、脚手架、模板等危险性较大的作业，必须编制专项安全施工技术方案。

3）施工安全技术措施要有针对性。施工安全技术措施是针对每项工程的特点制定的，编制安全技术措施的技术人员必须掌握工程概况、施工方法、施工环境、条件等一手资料，并熟悉安全法规、标准等，才能制定有针对性的安全技术措施。

4）施工安全技术措施应力求全面、具体、可靠。施工安全技术措施应把可能出现的各种不安全因素考虑周全，制定的对策措施方案应力求全面、具体、可靠，这样才能真正做到预防事故的发生。但是，全面具体不等于罗列一般通常的操作工艺、施工方法以及日常安全工作制度、安全纪律等。这些制度性规定，安全技术措施中不需要再作抄录，但必须严格执行。对大型群体工程或一些面积大、结构复杂的重点工程，除必须在施工组织总设计中编制施工安全技术总体措施外，还应编制单位工程或分部分项工程安全技术措施，详细地制定出有关安全方面的防护要求和措施，确保该单位工程或分部分项工程的安全施工。

5）施工安全技术措施必须包括应急预案。由于施工安全技术措施是在相应的工程施工实施之前制定的，所涉及的施工条件和危险情况大都是建立在可预测的基础上，而建设工程施工过程是开放的过程，在施工期间的变化是经常发生的，还可能出现预测不到的突发事件或灾害（如地震、火灾、台风、洪水等）。所以，施工技术措施计划必须包括面对突发事件或紧急状态的各种应急设施、人员逃生和救援预案，以便在紧急情况下，能及时启动应急预案，减少损失，保护人员安全。

6）施工安全技术措施要有可行性和可操作性。施工安全技术措施应能够在每个施工工序之中得到贯彻实施，既要考虑保证安全要求，又要考虑现场环境条件和施工技术条件能够做得到。

（2）施工安全技术措施的主要内容。

1）进入施工现场的安全规定。

2）地面及深槽作业的防护。

3）高处及立体交叉作业的防护。

4）施工用电安全。

5）施工机械设备的安全使用。

6）在采取"四新"技术时，有针对性的专门安全技术措施。

7）有针对自然灾害预防的安全措施。

8）预防有毒、有害、易燃、易爆等作业造成危害的安全技术措施。

9)现场消防措施。

安全技术措施中必须包含施工总平面图,在图中必须对危险的油库、易燃材料库、变电设备、材料和构(配)件的堆放位置、塔式起重机、物料提升机(井架、龙门架)、施工用电梯、垂直运输设备位置、搅拌台的位置等,按照施工需求和安全规程的要求明确定位,并提出具体要求。

结构复杂,危险性大、特性较多的分部分项工程,应编制专项施工方案和安全措施。如基坑支护与降水工程、土方开挖工程、模板工程、起重吊装工程、脚手架工程、拆除工程、爆破工程等,必须编制单项的安全技术措施,并要有设计依据、有计算、有详图、有文字要求。

季节性施工安全技术措施,就是考虑夏季、雨期、冬期等不同季节的气候对施工生产带来的不安全因素可能造成的各种突发性事故,而从防护上、技术上、管理上采取的防护措施。一般工程可在施工组织设计或施工方案的安全技术措施中编制季节性施工安全措施;危险性大、高温期长的工程,应单独编制季节性的施工安全措施。

■ 6.3.2 安全技术交底

1. 安全技术交底的内容

安全技术交底是一项技术性很强的工作,对于贯彻设计意图、严格实施技术方案、按图施工、循规操作、保证施工质量和施工安全至关重要。

安全技术交底主要内容如下:

(1)本施工项目的施工作业特点和危险点;

(2)针对危险点的具体预防措施;

(3)应注意的安全事项;

(4)相应的安全操作规程和标准;

(5)发生事故后应及时采取的避难和急救措施。

2. 安全技术交底的要求

(1)项目经理部必须实行逐级安全技术交底制度,纵向延伸到班组全体作业人员;

(2)技术交底必须具体、明确,针对性强;

(3)技术交底的内容应针对分部分项工程施工中给作业人员带来的潜在危险因素和存在问题;

(4)应优先采用新的安全技术措施;

(5)对于涉及"四新"项目或技术含量高、技术难度大的单项技术设计,必须经过两阶段技术交底,即初步设计交底和实施性施工图技术设计交底;

(6)应将工程概况、施工方法、施工程序、安全技术措施等,向工长、班组长进行详细交底;

(7)定期向由两个以上作业队和多工种进行交叉施工的作业队伍进行书面交底;

(8)保存书面安全技术交底签字记录。

3. 安全技术交底的作用

(1)让一线作业人员了解和掌握该作业项目的安全技术操作规程和注意事项,减少因违章操作而导致事故的可能；

(2)是安全管理人员在项目安全管理工作中的重要环节；

(3)安全管理内业的内容要求，同时做好安全技术交底也是安全管理人员自我保护的手段。

任务小结

本任务主要阐述了施工安全技术的概念、目标、特点、控制程序，安全技术措施的一般要求和主要内容，以及安全技术交底的内容、要求。学生们要熟悉安全技术措施的要求、内容，要掌握如何进行安全技术交底。

复习思考题

1. 简述安全控制的概念。
2. 简述施工安全技术措施的一般要求和主要内容。
3. 简述安全技术交底的内容和要求。

参考答案

任务6.4　安全事故及其调查处理

教学提示

本任务主要介绍了施工安全事故的特点、分类，建筑工程安全事故的处理。

教学要求

通过本任务的教学，让学生们了解安全事故的特点，熟悉安全事故的种类，掌握建筑安全事故处理原则和处理措施。

■ 6.4.1　建筑工程项目施工安全事故的特点、分类和原因分析

1. 施工安全事故的特点

安全事故是指人们在进行有目的的活动过程中，发生了违背人们意愿的不幸事故，而使其有目的的行为暂时或永久地停止。建筑工程安全事故是指在建筑工程施工现场发生的安全事故，一般会造成人身伤亡或伤害且伤害涉及包括急救在内的医疗救护，或造成财产、设备、工艺等损失。

施工项目安全事故的特点如下：

(1)严重性。施工项目发生安全事故，影响往往较大，会直接导致人员伤亡或财产的损失，给人民生命和财产带来巨大损失。近年来，安全事故死亡的人数和事故起数仅次于交

通、矿山，成为人们关注的热点问题之一。因此，对施工项目安全事故隐患决不能掉以轻心，一旦发生安全事故，其造成的损失将无法挽回。

（2）复杂性。施工生产的特点决定了影响建设工程安全生产的因素很多，工程安全事故的原因错综复杂，即使是同一类安全事故，其发生的原因可能多种多样。因此，在对安全事故进行分析时，其对判断出安全事故的性质、原因（直接原因、间接原因、主要原因）等有很大影响。

（3）可变性。许多建设工程施工中出现安全事故隐患，这些安全事故隐患并不是静止的，而是有可能随着时间而不断地发展、恶化，若不及时整改和处理，往往可能发展成为严重或重大安全事故。因此，在分析与处理工程安全事故隐患时，要重视安全事故隐患的可变性，应及时采取有效措施纠正、消除，杜绝其发展、恶化为安全事故。

（4）多发性。施工项目中的安全事故，往往在建设工程某部位或工序或作业活动中发生。如物体打击事故、触电事故、高处坠落事故、坍塌施工、起重机械事故、中毒事故等。因此，对多发性安全事故，应注意吸取教训，总结经验，采用有效预防措施，加强事前控制、事中控制。

2. 施工安全事故的分类

（1）按照事故发生的原因分类。按照我国《企业职工伤亡事故分类》（GB 6441）规定，职业伤害事故分为 20 类，其中与建筑业有关的有以下 12 类：

1）物体打击：指落物、滚石、锤击、碎裂、崩块、砸伤等造成的人身伤害，不包括因爆炸而引起的物体打击。

2）车辆伤害：指被车辆挤、压、撞和车辆倾覆等造成的人身伤害。

3）机械伤害：指被机械设备或工具绞、碾、碰、割、戳等造成的人身伤害，不包括车辆、起重设备引起的伤害。

4）起重伤害：指从事各种起重作业时发生的机械伤害事故，不包括上下驾驶室时发生的坠落伤害，起重设备引起的触电及检修时制动失灵造成的伤害。

5）触电：由于电流经过人体导致的生理伤害，包括雷击伤害。

6）灼烫：指火焰引起的烧伤、高温物体引起的烫伤、强酸或强碱引起的灼伤、放射线引起的皮肤损伤，不包括电烧伤及火灾事故引起的烧伤。

7）火灾：在火灾时造成的人体烧伤、窒息、中毒等。

8）高处坠落：由于危险势能差引起的伤害，包括从架子、屋架上坠落以及平地坠入坑内等。

9）坍塌：指建筑物、堆置物倒塌以及土石塌方等引起的事故伤害。

10）火药爆炸：指在火药的生产、运输、储藏过程中发生的爆炸事故。

11）中毒和窒息：指煤气、油气、沥青、化学、一氧化碳中毒等。

12）其他伤害：包括扭伤、跌伤、冻伤、野兽咬伤等。

以上 12 类职业伤害事故中，在建设工程领域中最常见的是高处坠落、物体打击、机械伤害、触电、坍塌、中毒、火灾 7 类。

（2）按事故严重程度分类。我国《企业职工伤亡事故分类》（GB 6441）规定，按事故严重程度分类，事故分为：

1)轻伤事故，是指造成职工肢体或某些器官功能性或器质性轻度损伤，能引起劳动能力轻度或暂时丧失的伤害的事故，一般每个受伤人员休息1个工作日以上(含1个工作日)，105个工作日以下；

2)重伤事故，一般指受伤人员肢体残缺或视觉、听觉等器官受到严重损伤，能引起人体长期存在功能障碍或劳动能力有重大损失的伤害，或者造成每个受伤人损失105工作日以上(含105个工作日)的失能伤害的事故；

3)死亡事故，其中，重大伤亡事故指一次事故中死亡1~2人的事故；特大伤亡事故指一次事故死亡3人以上(含3人)的事故。

(3)按事故造成的人员伤亡或者直接经济损失分类。依据2007年6月1日起实施的《生产安全事故报告和调查处理条例》规定，按生产安全事故(以下简称事故)造成的人员伤亡或者直接经济损失，事故分为：

1)特别重大事故，是指造成30人以上死亡，或者100人以上重伤(包括急性工业中毒，下同)，或者1亿元以上直接经济损失的事故；

2)重大事故，是指造成10人以上30人以下死亡，或者50人以上100人以下重伤，或者5 000万元以上1亿元以下直接经济损失的事故；

3)较大事故，是指造成3人以上10人以下死亡，或者10人以上50人以下重伤，或者1 000万元以上5 000万元以下直接经济损失的事故；

4)一般事故，是指造成3人以下死亡，或者10人以下重伤，或者1 000万元以下直接经济损失的事故。

目前，在建设工程领域中，判别事故等级较多采用的是《生产安全事故报告和调查处理条例》。

■ 6.4.2 建设工程安全事故的处理 ···

一旦事故发生，通过应急预案的实施，尽可能防止事态的扩大和减少事故的损失。通过事故处理程序，查明原因，制定相应的纠正和预防措施，避免类似事故的再次发生。

1. 事故处理的原则("四不放过"原则)

国家对发生事故后的"四不放过"处理原则，其具体内容如下：

(1)事故原因未查清不放过。要求在调查处理伤亡事故时，首先要把事故原因分析清楚，找出导致事故发生的真正原因，未找到真正原因决不轻易放过。直到找到真正原因并搞清各因素之间的因果关系，才算达到事故原因分析的目的。

(2)事故责任人未受到处理不放过。这是安全事故责任追究制的具体体现，对事故责任者要严格按照安全事故责任追究的法律法规的规定进行严肃处理；不仅要追究事故直接责任人的责任，同时要追究有关负责人的领导责任。当然，处理事故责任者必须谨慎，避免事故责任追究的扩大化。

(3)事故责任人和周围群众没有受到教育不放过。使事故责任者和广大群众了解事故发生的原因及所造成的危害，并深刻认识到搞好安全生产的重要性，从事故中吸取教训，提高安全意识，改进安全管理工作。

(4)事故没有制定切实可行的整改措施不放过。必须针对事故发生的原因，提出防止相同或类似事故发生的切实可行的预防措施，并督促事故发生单位加以实施。只有这样，才算达到了事故调查和处理的最终目的。

2. 建设工程安全事故处理措施

(1)按规定向有关部门报告事故情况。事故发生后，事故现场有关人员应当立即向本单位负责人报告；单位负责人接到报告后，应当于1小时内向事故发生地县级以上人民政府安全生产监督管理部门和负有安全生产监督管理职责的有关部门报告，并有组织、有指挥地抢救伤员、排除险情；应当防止人为或自然因素的破坏，便于事故原因的调查。

由于建设行政主管部门是建设安全生产的监督管理部门，对建设安全生产实行的是统一的监督管理，因此，各个行业的建设施工中出现了安全事故，都应当向建设行政主管部门报告。对于专业工程的施工中出现生产安全事故的，由于有关的专业主管部门也承担着对建设安全生产的监督管理职能，因此，专业工程出现安全事故，还需要向有关行业主管部门报告。

1)情况紧急时，事故现场有关人员可以直接向事故发生地县级以上人民政府安全生产监督管理部门和负有安全生产监督管理职责的有关部门报告。

2)安全生产监督管理部门和负有安全生产监督管理职责的有关部门接到事故报告后，应当依照下列规定上报事故情况，并通知公安机关、劳动保障行政部门、工会和人民检察院：

①特别重大事故、重大事故逐级上报至国务院安全生产监督管理部门和负有安全生产监督管理职责的有关部门；

②较大事故逐级上报至省、自治区、直辖市人民政府安全生产监督管理部门和负有安全生产监督管理职责的有关部门；

③一般事故上报至设区的市级人民政府安全生产监督管理部门和负有安全生产监督管理职责的有关部门。

安全生产监督管理部门和负有安全生产监督管理职责的有关部门依照上述规定上报事故情况，应当同时报告本级人民政府。国务院安全生产监督管理部门和负有安全生产监督管理职责的有关部门以及省级人民政府接到发生特别重大事故、重大事故的报告后，应当立即报告国务院。必要时，安全生产监督管理部门和负有安全生产监督管理职责的有关部门可以越级上报事故情况。

安全生产监督管理部门和负有安全生产监督管理职责的有关部门逐级上报事故情况，每级上报的时间不得超过2小时。事故报告后出现新情况的，应当及时补报。

(2)组织调查组，开展事故调查。

1)特别重大事故由国务院或者国务院授权有关部门组织事故调查组进行调查。重大事故、较大事故、一般事故分别由事故发生地省级人民政府、设区的市级人民政府、县级人民政府负责调查。省级人民政府、设区的市级人民政府、县级人民政府可以直接组织事故调查组进行调查，也可以授权或者委托有关部门组织事故调查组进行调查。未造成人员伤亡的一般事故，县级人民政府也可以委托事故发生单位组织事故调查组进行调查。

2）事故调查组有权向有关单位和个人了解与事故有关的情况，并要求其提供相关文件、资料，有关单位和个人不得拒绝。事故发生单位的负责人和有关人员在事故调查期间不得擅离职守，并应当随时接受事故调查组的询问，如实提供有关情况。事故调查中发现涉嫌犯罪的，事故调查组应当及时将有关材料或者其复印件移交司法机关处理。

（3）现场勘察。事故发生后，调查组应迅速到现场进行及时、全面、准确和客观的勘察，包括现场笔录、现场拍照和现场绘图。

（4）分析事故原因。通过调查分析，查明事故经过，按受伤部位、受伤性质、起因物、致害物、伤害方法、不安全状态、不安全行为等，查清事故原因，包括人、物、生产管理和技术管理等方面的原因。通过直接和间接地分析，确定事故的直接责任者、间接责任者和主要责任者。

（5）制定预防措施。根据事故原因分析，制定防止类似事故再次发生的预防措施。根据事故后果和事故责任者应负的责任提出处理意见。

（6）提交事故调查报告。事故调查组应当自事故发生之日起60日内提交事故调查报告；特殊情况下，经负责事故调查的人民政府批准，提交事故调查报告的期限可以适当延长，但延长的期限最长不超过60日。事故调查报告应当包括下列内容：

1）事故发生单位概况；

2）事故发生经过和事故救援情况；

3）事故造成的人员伤亡和直接经济损失；

4）事故发生的原因和事故性质；

5）事故责任的认定以及对事故责任者的处理建议；

6）事故防范和整改措施。

（7）事故的审理和结案。重大事故、较大事故、一般事故，负责事故调查的人民政府应当自收到事故调查报告之日起15日内作出批复；特别重大事故，30日内作出批复，特殊情况下，批复时间可以适当延长，但延长的时间最长不超过30日。

有关机关应当按照人民政府的批复，依照法律、行政法规规定的权限和程序，对事故发生单位和有关人员进行行政处罚，对负有事故责任的国家工作人员进行处分。事故发生单位应当按照负责事故调查的人民政府的批复，对本单位负有事故责任的人员进行处理。负有事故责任的人员涉嫌犯罪的，依法追究刑事责任。

事故处理的情况由负责事故调查的人民政府或者其授权的有关部门、机构向社会公布，依法应当保密的除外。事故调查处理的文件记录应长期完整地保存。

任务小结

本任务主要阐述了施工安全事故的特点、分类，建筑工程安全事故的处理。施工安全事故从按照事故发生的原因、按事故严重程度、和事故造成的人员伤亡或者直接经济损失三个方面去分类。事故的处理要按照"四不放过"原则去处理。事故安全处理措施按规定向有关部门报告事故情况；组织调查组，开展事故调查；现场勘查；分析事故原因；制定预防措施；提交事故调查报告；事故的审理和结案七个程序去处理。

📖 复习思考题

一、单项选择题

1. 最基本的安全管理制度，也是所有安全生产管理制度的核心是（ ）。
   A. 安全生产责任制　　　　　　　B. 安全教育制度
   C. 安全检查制度　　　　　　　　D. 安全监察制度

2. 根据《安全生产许可证条例》，企业进行生产前申请领取的安全生产许可证有效期为（ ）。
   A. 1年　　　　　　　　　　　　B. 3年
   C. 5年　　　　　　　　　　　　D. 永久

3. 施工安全控制的基本要求中规定，所有新员工必须经过三级安全教育，即事故人员进场作业前进行（ ）的安全教育。
   A. 公司、项目部、作业班组　　　B. 公司、施工队、专业队
   C. 公司、专业队、作业班组　　　D. 公司、项目部、专业队

4. 特种作业操作证有效期为（ ）年。
   A. 3　　　　　　B. 3　　　　　　C. 6　　　　　　D. 1

5. 安全检查的重点是查违章指挥和（ ）。
   A. 查管理　　　　B. 查整改　　　　C. 查事故处理　　　　D. 查违章作业

6. 《中华人民共和国劳动法》规定，新建、改建、扩建工程的劳动安全卫生设施必须与主体工程（ ）。
   A. 同时设计、同时施工、同时投入生产和使用
   B. 同时开工
   C. 同时验收
   D. 同时立项

二、多项选择题

1. 根据原劳动部和原建设部的有关规定，企业安全教育一般包括（ ）的安全教育。
   A. 员工家属　　B. 特种作业人员　　C. 新员工
   D. 企业员工　　E. 安全管理人员

2. 根据《特种作业人员安全技术考核管理规则》，下列建设工程活动中，属于特种作业的有（ ）。
   A. 建筑登高架设作业　　　　　　B. 钢筋焊接作业
   C. 卫生洁具安装作业　　　　　　D. 起重机操作作业
   E. 建筑外墙抹灰作业

3. 建设工程施工安全控制的具体目标包括（ ）。
   A. 改善生产环境和保护自然环境　　B. 提高员工安全生产意识
   C. 减少或消除人的不安全行为　　　D. 安全事故整改
   E. 减少或消除设备、材料的不安全状态

参考答案

4. 关于安全生产管理制度的说法，正确的有(　　)。

    A. 企业取得安全生产许可证，应当具备的条件之一是：依法参加工伤保险，为从业人员缴纳保险费

    B. 新员工上岗前的三级安全教育，对建设工程来说，具体指进企业、进项目、进班组三级

    C. 任何情况下，特种作业操作证均为每三年复审一次

    D. 依据《建设工程安全生产管理条例》第二十六条规定，对高大模板工程的专项施工方案，施工单位应当组织专辑进行论证、审查

    E. 按照"三同时"制度要求，安全设施投资应当纳入建设项目概算

三、简答题

1. 简述施工安全事故的分类。
2. 简述建筑工程安全事故处理原则。
3. 简述建设安全事故处理措施。

四、实训练习题

1. 事故简介：2002 年某月 20 日下午，上海某建筑安装工程有限公司分包的某汽修车间工程，钢结构屋架地面拼接基本结束。14 时 20 分左右，专业吊装负责人曹某，酒后来到车间西北向并排停放的 3 榀长 21 m、高 0.9 m、自重约 1.5 t 的钢屋架前，弯腰蹲下在最南边的 1 榀屋架下查看拼装质量，当发现北边第三榀屋架略向北倾斜，即指挥两名工人用钢管撬平并加固。由于两名工人使力不均，使得那榀屋架反过来向南倾斜，导致 3 榀屋架连锁一起向南倒下。当时，曹某还蹲在构件下，没来得及反应，整个身子就被压在构件下，待现场人员翻开 3 榀屋架后，曹某已七孔流血，经医护人员抢救无效死亡。请分析事故原因。

2. 某工程，总建筑面基 21 800.80 m²，钢筋混凝土结构，满堂基础，由市建筑院设计，通过公开招标，建设单位与市建筑集团公司一公司签订了施工合同。工程于 2006 年 5 月开工。在按照惯例进行月度大检查中，发现该项目搭设的落地式钢管扣件外脚手架存在如下一些问题：1)脚手架高度超过 24 m，但没有搭设方案，并且无审批手续；2)使用的脚手架钢管材料部分规格不一；3)搭设脚手架的基础多处出现不平整；4)个别门窗洞口立杆悬空等等。

问题：(1)为避免施工中引发脚手架坍塌事故伤害作业人员，你认为应该如何解决这个问题？(2)安全检查的主要方式有哪些？

项目7　建筑工程成本管理

知识目标

熟悉建筑工程成本管理的概念；掌握成本管理的原则；了解成本管理存在的问题与解决措施。

技能目标

能够根据成本管理原则，学会分析成本管理问题，并且找到有效的解决措施。

素质目标

培养学生爱岗敬业、细心踏实、思维敏捷、勇于创新、科学控制成本的精神。

任务7.1　成本管理概述

教学提示

本任务主要介绍建筑工程成本管理的概念，建筑工程成本的构成要素，以及建筑工程成本管理的作用。

教学要求

通过本任务教学，使学生应熟悉建筑工程成本管理的概念，掌握建筑工程成本的构成，了解成本管理在建筑业的作用。

■ 7.1.1　建筑工程成本管理的概念 ·····························

什么是成本？其实学术界的概念并没有完全统一。美国会计学会认为："成本是指为达到特定目的而发生的或应发生的价值牺牲，它可以用货币单位加以衡量。"我国认定的成本概念是："企业为生产经营商品和提供劳务等发生的各项直接支出，包括直接工资、直接材料、商品进价以及其他直接支出，直接计入生产经营成本。企业为生产经营商品和提供劳务而发生的各项间接费用，分配计入生产经营成本。"这两个成本概念并没有本质区别，只是美国会计学会的成本概念更具有普遍性，而我国的成本概念较为具体。

建筑工程成本是成本的一种具体形式，是指建筑企业在生产经营中为获取和完成工程所支付的一切代价，即广义的建筑成本。狭义建筑成本的概念，即在项目施工现场所耗费的人工费、材料费、施工机械使用费、现场其他直接费及项目经理为组织工程施工所发生的管理费用之和。

建筑工程成本管理是指在完成一个工程项目过程中，对所发生的成本费用支出，有组织、有系统地进行预测、计划、控制、核算、考核、分析等进行科学管理的工作，它是以降低成本为宗旨的一项综合性管理工作。成本与利润是两个互相制约的变量，因此，合理降低成本，必然增加利润，就能提供更多的资金满足单位扩大再生产的资金需要，就可以提高单位的经营管理水平，提高企业的竞争能力。因此可以说，进行成本管理是建筑企业改善经营管理，提高企业管理水平，进而提高企业竞争力的重要手段之一。施工企业只有对项目在安全、质量、工期保证的前提下，不断加强管理，严格控制工程成本，挖掘潜力降低工程成本，才能取得较多的施工效益，才能使企业在市场竞争中立于不败之地。

■ 7.1.2 建筑工程成本的构成 ···

1. 按生产费用计入成本的方法划分

按生产费用计入成本的方法划分，建筑工程成本可分为直接成本和间接成本。

直接成本是指施工过程直接耗费的构成工程形成的各项支出，包括人工费、材料费、机械使用费和其他直接费。所谓其他直接费是指直接费以外施工过程发生的其他费用。

间接成本是指企业的各项目经理部为施工准备、组织和管理施工生产所发生的全部施工间接费支出。它包括现场管理人员的人工费（基本工资、工资性补贴、职工福利费）、资产使用费、工具用具使用费、保险费、检验试验费、工程保修费、工程排污费以及其他费用等。

2. 按成本发生时间划分

按成本控制需要，从成本发生的时间来划分，可分为预算成本、计划成本和实际成本。

工程预算成本是反映各地区建筑业的平均成本水平。它根据施工图由全国统一的建筑安装工程基础定额和由各地区的市场劳务价格、材料价格信息及价差系数，并按有关取费的指导性费率进行计算。预算成本是确定工程造价的基础，也是编制计划成本和评价实际成本的依据。

建筑工程项目计划成本是指建筑工程项目经理部根据计划期的有关资料，在实际成本发生前预先计算的成本。如果计划成本做得更细、更周全，最终的实际成本降低的效果会更好。

实际成本是建筑工程项目在报告期内实际发生的各项生产费用的总和。不管计划成本做得怎么细致、周全，如果实际成本未能很好地及时得到编制，那么根本无法对计划成本与实际成本加以比较，也无法得出真正成本的节约或超支，也就无法反映各种技术水平和技术组织措施的贯彻执行情况和企业的经营效果。所以，项目应在各阶段快速、准确地列出各项实际成本，从计划与实际的对比中找出原因并分析原因，最终找出更好的节约成本的途径。另外，将实际成本与预算成本比较，可以反映工程盈亏情况。

■ 7.1.3 建筑工程成本管理的作用

1. 建筑工程成本管理是项目成功的关键

建筑工程成本管理是项目成功的关键，是贯穿项目全寿命周期各阶段的重要工作。对于任何项目，其最终的目的都是想要通过一系列的管理工作来取得良好的经济效益。而任何项目都具有一个从概念、开发、实施到收尾的生命周期，其间会涉及业主、设计、施工、监理等众多的单位和部门，它们有各自的经济利益。例如，在概念阶段，业主要进行投资估算并进行项目经济评价，从而作出是否立项的决策。在招标投标阶段，业主方要根据设计图纸和有关部门规定来计算发包造价，即标的；承包方要通过成本估算来获得具有竞争力的报价。在设计和实施阶段，项目成本控制是确保将项目实际成本控制在项目预算范围内的有力措施。这些工作都属于项目成本管理的范畴。

2. 有利于对不确定性成本的全面管理和控制

受到各种因素的影响，项目的总成本一般都包含三部分内容：其一是确定性成本，它的数额大小以及发生与否都是确定的；其二是风险性成本，对此人们只知道它发生的概率，但不能肯定它是否一定会发生；另外，还有一部分是完全不确定性成本，对它们既不知道其是否会发生，也不知道其发生的概率分布情况。这三部分不同性质的成本合在一起，就构成了一个项目的总成本。由此可见，项目成本的不确定性是绝对的，确定性是相对的。这就要求在项目的成本管理中除了要考虑对确定性成本的管理外，还必须同时考虑对风险性成本和完全不确定性成本的管理。对于不确定性成本，可以依赖于加强预测和制定附加计划法或用不可预见费来加以弥补，从而实现整个项目的成本管理目标。

📖 任务小结

建筑工程成本管理，就是在完成一个工程项目过程中，对所发生的成本费用支出，有组织、有系统地进行预测、计划、控制、核算、考核、分析等科学管理的工作，它是以降低成本为宗旨的一项综合性管理工作。进行成本管理是建筑企业改善经营管理，提高企业管理水平，进而提高企业竞争力的重要手段。

📖 复习思考题

1. 什么是建筑工程成本管理？
2. 建筑工程成本的构成要素有哪些？
3. 如何理解成本管理在建筑业的作用？

参考答案

任务 7.2 成本管理的原则

教学提示

本任务主要介绍成本管理的三大原则。

教学要求

通过本任务教学，学生应详细了解成本管理的全面性的原则、责权利相结合的原则、统一领导与分级管理的原则。

7.2.1 全面性的原则

成本管理的全面性原则包括以下三个方面的内容：

（1）全过程成本管理。是在工程项目确定以后，自施工准备开始，经过工程施工，到竣工交付使用后的保修期结束，整个过程都要实行成本管理。

（2）全方位成本管理。成本管理不能单纯地强调降低成本，必须兼顾各方面的利益，既要考虑国家利益，又要考虑集体利益和个人利益；既要考虑眼前利益，更要考虑长远利益。因此，在成本管理中，绝不能片面地为了降低成本而不顾工程质量，靠偷工减料、拼设备等手段，以牺牲企业的成员利益、整体利益和形象为代价，来换取一时的成本降低。

（3）全员成本管理。成本是一项综合性很强的指标，涉及企业内部各个部门、各个单位和全体职工的工作业绩。要想降低成本，提高企业的经济效益，必须充分调动企业广大职工"控制成本，关心降低成本"的积极性和参与成本管理的意识，做到上下结合，专业控制与群众控制相结合，人人参加成本控制活动，个个有成本控制指标，积极创造条件，逐步实行成本否决。这是能否实现全面成本管理的关键。

7.2.2 责权利相结合的原则

在确定项目经理和制定岗位责任制时，就决定了从项目经理到每一个管理者和操作者，都有自己所承担的责任，而且被授予了相应的权利、给予了一定的利益，这就体现了责权利相结合的原则。"责"是指完成成本控制指标的责任；"权"是指责任承担者为了完成成本控制目标所必须具备的权限；"利"是指根据成本控制目标完成的情况，给予责任承担者相应的奖惩。在成本控制中，有"责"就必须有"权"，否则就完不成分担的责任，起不到控制作用；有"责"还必须有"利"，否则就缺乏推动履行责任的动力。总之，在项目的成本管理过程中，必须贯彻责权利相结合的原则，调动管理者的积极性和主动性，使成本管理工作做得更好。

■ 7.2.3 统一领导和分级管理相结合的原则

统一领导和分级管理相结合，是正确处理企业内部各方面关系的良好形式，也是成本费用控制的基本原则。这一原则包括两方面的内容：一是正确处理建设单位与施工单位内部各级组织在成本费用控制中的关系，把施工中各个环节的各级组织成本费用控制结合起来；二是正确处理财务部门同经营计划、施工技术、安全劳保、劳动工资、物资管理、行政管理等部门在成本费用控制中的关系。根据统一领导和分级管理相结合的原则，要求在施工企业实行目标成本控制方法。企业应制定切合实际的成本费用目标，并将其层层分解落实到各部门、各基层单位和各岗位，从而明确各部门、各基层单位和各岗位对于成本费用管理的权限和责任以及相应的经济利益，充分调动各方面的积极性，实施全过程、全员的成本费用控制，做到成本费用发生到哪里就由哪里负责。

📖 任务小结

成本管理是从施工准备开始到竣工交付使用后的全过程管理，是兼顾各方面利益的全方位管理，是涉及各个部门和职工的全员管理。在项目实施过程中，贯彻责权利相结合的原则，调动管理者的积极性和主动性，将统一领导和分级管理相结合，实施科学、有效管理。

📖 复习思考题

1. 成本管理的全面性原则包括哪几方面的内容？
2. 如何将统一领导与分级管理有效地结合起来？

参考答案

任务 7.3 成本管理的过程与存在的问题

📣 教学提示

本任务主要对建筑工程成本管理的各个阶段进行分析，陈述成本管理的内容，归纳当前建筑工程项目成本管理中存在的问题。

📣 教学要求

通过本任务教学，学生应明确成本管理过程中的三个阶段，熟悉成本管理的具体内容，能够分析建筑工程项目中存在的主要问题。

■ 7.3.1 成本管理的过程 ···

项目成本的发生贯穿项目成本形成的全过程，从施工准备开始，经施工过程至竣工移交后的保修期结束。工程项目成本管理的过程可以分为事前管理、事中管理和事后管理三个阶段。

1. 建筑工程成本管理的阶段分析

（1）事前管理。成本的事前管理是指工程项目开工前，对影响工程成本的经济活动所进行的事前规划、审核与监督。工程项目成本的事前管理主要包括以下几个方面：

1）成本预测。成本预测是根据有关成本费用资料和各种相关因素，采用经验总结、统计分析及数学模型的方法对成本进行判断和推测；通过项目成本预测，可以为企业经营决策层和项目经理部编制成本计划等提供相关数据。

2）成本决策。成本决策是企业对工程项目未来成本进行计划和控制的一个重要步骤，根据成本预测情况，由决策人员认真、细致地分析研究而作出的决策。正确的决策能够指导人们顺利完成预定的成本目标，可以避免盲目性并减少风险性。

3）成本计划。成本计划是对成本实行计划管理的重要环节，是以货币形式编制施工项目在计划期内的生产费用、成本水平、降低成本率和降低成本额所采取的主要措施和规划的方案，它是建立施工项目成本管理责任制、开展成本控制和成本核算的基础。

（2）事中管理。在事中管理阶段，成本管理人员需要严格按照费用计划和各项消耗定额，对一切施工费用进行经常审核，把可能导致损失或浪费的苗头，消灭在萌芽状态；而且，随时运用成本核算信息进行分析研究，把偏离目标的差异及时反馈给责任单位和个人，以便及时采取有效措施，纠正偏差，使成本控制在预定的目标之内。成本事中管理的内容，主要包括以下几方面：

1）费用开支的控制。一方面，要按计划开支，从金额上严格控制，不得随意突破。另一方面，要检查各项开支是否符合规定，严防违法乱纪。

2）人工耗费的控制。对人工费的控制，要采取"量价分离"的原则，主要通过对用工数量和用工单价的控制来实现。通过控制定员、定额、出勤率、工时利用率、劳动生产率等情况，及时发现并解决停工、窝工等问题。

3）材料耗费的控制。在工程造价中，材料费要占总价的50%～60%，甚至更多。要做好材料成本的控制工作，必须对采（购）、收（料）、验（收）、（库）管、发（料）、（使）用六个环节进行重点控制，严格手续制度，实行定额领料，加强施工现场管理，及时发现和解决采购不合理、领发无手续、现场混乱、丢失浪费等问题。

4）机械费的控制。对机械费的控制，主要是正确选配并合理利用机械设备，做好机械设备的维修保养，提高机械的完好率、利用率和使用效率，从而加快施工进度、增加产量、降低机械使用费。

（3）事后管理。成本的事后管理是指在某项工程任务完成时，对成本计划的执行情况进行检查、分析。其目的是对实际成本与标准成本的偏差进行分析，查明差异的原因，确定经济责任的归属，借以考核责任部门和单位的业绩；对薄弱环节及可能发生的偏差，提出改进措施；并通过调整下一阶段的工程成本计划指标进行反馈控制，进一步降低成本。成本的事后分析控制，一般按以下程序进行：

　　1）通过成本核算环节，掌握工程实际成本情况。

　　2）将工程实际成本与标准成本进行比较，计算成本差异，确定成本节约或浪费数额。

　　3）分析工程成本节超的原因，确定经济责任的归属。

　　4）针对存在的问题，采取有效措施，改进成本控制工作。

　　5）对成本责任部门和单位进行业绩的评价与考核。

　　2. 施工项目成本管理的内容

　　施工项目的成本管理，应伴随项目建设的进程渐次展开，要注意各个时期的特点和要求。各个阶段的工作内容不同，成本控制的主要任务也不同。为实现施工项目成本控制的目标，应做好以项目预算成本、计划成本和实际成本为主要内容的施工项目全过程的成本管理。

　　（1）施工前期的成本管理。

　　1）工程投标阶段：在投标阶段成本控制的主要任务是编制适合本企业施工管理水平、施工能力的报价，根据工程概况和招标文件，联系建筑市场和竞争对手的情况，进行成本预测，提出投标决策意见。中标以后，应根据项目的建设规模，组建与之相适应的项目经理部，同时以标书为依据确定项目的成本目标，并下达给项目经理部。

　　2）施工准备阶段。一是根据设计图纸和有关技术资料，对施工方法、施工顺序、作业组织形式、机械设备选型、技术组织措施等进行认真的分析研究，制定科学先进、经济合理的施工方案；二是根据企业下达的成本目标，以分部分项工程实物工程量为基础，联系劳动定额、材料消耗定额和技术组织措施的节约计划，在优化施工方案的指导下，编制明细而具体的成本计划，并按照部门、施工队和班组的分工进行分解，作为部门、施工队和班组的责任成本落实下去，为今后的成本控制做好准备；三是根据项目建设时间的长短和参加建设人数的多少，编制间接费用预算，并对上述预算进行明细分解，以项目经理部有关部门（或业务人员）责任成本的形式落实下去，为今后的成本控制和绩效考评提供依据。

　　3）项目预算成本的管理。施工项目预算成本管理反映的是各地区建筑业的平均成本水平，是确定工程造价的基础。要做到完善的项目成本控制，首先必须按照设计文件，国家及地方的有关定额和取费标准编制完备的施工图预算，做到量准、项全。施工项目预算成本的管理是编制计划成本和评价实际成本的依据，是完成施工项目成本控制的前提。

　　4）项目计划成本的管理。根据计划期的有关资料，考虑到采取降低成本措施后的成本降低数，预先计算计划成本，它反映了企业在计划期内应达到的成本水平。通过施工项目计划成本的管理，可以确定与施工项目总投资（中标价）比较应实现的计划成本降低额和降低比率，并且按成本管理的层次，将计划成本加以分解，制定各级成本实施方案。

　　（2）施工期间的成本管理。

　　1）施工阶段成本管理的主要任务是确定项目经理部的成本控制目标；项目经理部建立成本管理体系；项目经理部各项费用指标进行分解以确定各个部门的成本管理指标；加强成本的过程管理。

　　①加强施工任务单和限额领料单的管理，特别是要做好每一个分部分项工程完成后的验收（包括实际工程量的验收和工作内容、工程质量、文明施工的验收），以及实耗人工、

实耗材料的数量核对，以保证施工任务单和限额领料单的结算资料绝对正确，为成本控制提供真实、可靠的数据。

②将施工任务单和限额领料单的结算资料与施工预算进行核对，计算分部分项工程的成本差异，分析差异产生的原因，并采取有效的纠偏措施。

③做好月度成本原始资料的收集和整理，正确计算月度成本，分析月度预算成本与实际成本的差异。对于一般的成本差异，要在充分注意不利差异的基础上，认真分析有利差异产生的原因，以防对后续作业成本产生不利影响或因质量低劣而造成返工损失。对于盈亏比例异常的现象，则要特别重视，并在查明原因的基础上采取果断措施，尽快加以纠正。

④在月度成本核算的基础上，实行责任成本核算。也就是利用原有会计核算的资料，重新按责任部门或责任者归集成本费用，每月结算一次，并与责任成本进行对比，由责任部门或责任者自行分析成本差异和产生差异的原因，自行采取措施纠正差异，为全面实现责任成本创造条件。

⑤经常检查对外经济合同的履约情况，为顺利施工提供物质保证。如遇拖期或质量不符合要求时，应根据合同规定向对方索赔；对缺乏履约能力的分包商或供应商，要采取断然措施，立即中止合同，并另找可靠的合作伙伴，以免影响施工，造成经济损失。

⑥定期检查各责任部门和责任者的成本控制情况，检查成本控制责权利的落实情况（一般为每月一次）。发现成本差异偏高或偏低的情况，应会同责任部门或责任者分析产生差异的原因，并督促他们采取相应的对策来纠正差异；如有因责权利不到位而影响成本控制工作的情况，应针对责权利不到位的原因，调整有关各方的关系，落实责权利相结合的原则，使成本控制工作得以顺利进行。

2）施工期间材料费、人工费和施工机械使用费的管理和分析。材料成本在整个项目成本中的比重最大，一般占到60%～70%，而且有较大的节约潜力，材料费控制分为价格和数量两个方面。首先要把好进货关，对用量较大的材料应采取招标的办法，通过货比三家把价格降下来，或者直接从厂家进货，减少中间环节，节约材料差价；其次是零星的材料要尽量利用供应商竞争的条件实行代储代销式管理，用多少结算多少，减少库存积压，以免造成损失；再次是实行限额领料和配比发料，严格避免材料浪费。对各台班组实行工资包干制度。配备一专多能的技术工人，合理调节各工序人数松紧情况，既加快工程进度，又节约人工费用。切实加强设备的维护与保养，提高设备的利用率和完好率。对确需租用外部机械的，要做好工序衔接，提高利用率，促使其满负荷运转；对于按完成工作量结算的外部设备，要做好原始记录，计量准确。要压缩非生产人员，在满足工作需要的前提下，实行一人多岗，满负荷工作。采取指标控制、费用包干等方法，最大限度地节约非生产开支。

项目的财务人员要按月做好成本原始资料的收集和整理工作，正确计算月度工程成本，同时要按照责任预算考核要求，按分部分项工程分析实际成本与预算成本的差异。要找出产生差异的原因，并及时反馈到工程管理部门，采取积极的防范措施纠正偏差，以防止对后续施工造成不利影响或质量损失。对盈亏比例异常的现象，要特别引起重视，及时、准确查清原因；对于由于采用新技术、新工艺加快施工进度节约费用的应及时推广；对于导致降低工程质量、偷工减料降低费用的应及时纠正。

7.3.2　当前建筑工程项目成本管理中存在的问题 ·······································

项目成本管理是一个复杂的过程，近几年来我国的施工企业以建筑工程项目管理为中心，提高工程质量，保证进度，降低工程成本，提高经济效益。尤其在我国加入 WTO 后，建筑市场全面开放，市场竞争更加激烈，这些建筑施工企业对工程项目在安全、质量、工期保证的情况下，加强工程成本管理，严格控制工程成本，争取降低工程成本，才能使建筑施工企业在市场竞争中立于不败之地。

建筑业是国民经济中一个独立的、重要的物质生产部门，是国民经济的主要支柱之一。世界发达国家将建筑工程项目咨询机构、设计部门、建筑公司、国家建筑管理监督部门、建筑科研与教育部门，有效地综合在建筑整体内。而我国目前建筑业还未与国际惯例接轨，施工承包企业对建筑工程项目成本的管理较国外的先进水平还有很大差距。因此，我国的建筑企业要在世界舞台上逐渐成熟，就必须要在技术经济、管理和法规上不断完善，从方法、观念、组织和手段入手，为接轨创造条件。

纵观我国当前建筑工程企业的项目成本管理中也存在着很多的问题，严重影响了企业的经济效益和长期发展。

1. 企业内部没有形成责权利相结合的成本管理体制

任何一种经济管理活动只有建立完善的责权利相结合的管理体制才能取得成效，工程项目成本管理也不例外。成本管理体系中项目经理拥有很大的权力，在成本管理及项目效益方面对公司领导负责，其他业务部门主管以及各部门管理人员都应有相应的责任、权力及利益分配相配套的管理体制加以约束和激励。而现行的施工项目成本管理体制，没有很好地将责权利三者结合起来。有些项目经理部简单地将项目成本管理的责任归于项目经理，没有形成完善的成本管理体系。比如有的工程项目，因工程质量问题导致返工，造成直接经济损失，结果因职责分工不明确，找不到直接负责人，最终不了了之，使公司蒙受巨大的损失。还有的项目中，技术员提出了一个经济可行的施工方案，为项目经理部节省了几十万元的支出，而项目经理部和企业认为这种情况是分内工作，不进行奖励，也不给予肯定，在一定程度上挫伤了技术人员的积极性，不利于项目经理部更进一步的技术开发，也不利于工程项目的成本管理与控制。

2. 缺乏全过程的成本管理

项目成本控制实现的是对项目成本的管理，其主要目的是对造成实际成本与成本基准计划发生偏差的因素施加影响，保证其向有利方向发展，同时对与成本基准计划已经发生偏差的和正在发生偏差的各项成本进行管理，以保证项目的顺利进行。项目成本控制主要包括如下方面内容：

(1)成本计划。成本计划主要按照设计、计划方案预算项目成本提出报告。通过将成本目标或成本计划分解，提出设计、采购、施工方案等各种费用的限制，作为成本控制的基准。

(2)成本监督。成本监督是审核各项费用，确定是否进行项目款的支付，监督已支付的项目是否完成，并作实际成本报告。

（3）成本跟踪。成本跟踪是作详细的成本分析报告，并向各个方面提供不同要求和不同详细程度的报告，确保实际需要的项目变动都能够有据可查；防止不正确的、不合适的项目变动所发生的费用，被列入项目成本预算。

（4）成本诊断。成本诊断包括成本超支量级原因分析、剩余工作所需成本预算和项目成本趋势分析。项目各项活动的预算已反映在经过批准的费用基准中。实际活动的开销会因项目内外的各种原因而改变。项目班子同样需要对项目的费用开支进行控制。由此可见，费用控制如下：

1）对造成费用变化的因素施加影响，在变化必不可免时，一定要取得各利害关系者的一致认可；

2）测量实际开支，将其与项目费用基准加以比较，查明实际开支是否偏离了计划；

3）当实际开支偏离计划时，实施管理。必须牢记，费用控制必须与其控制过程紧密配合。具体而言，项目费用控制的工作内容如下：

①监督费用的实施情况，查明实际开支偏离计划之处及其原因；

②将所有的有关变更都准确地记录在费用基准之中；

③阻止不正确、不合理或未经核准的变更纳入费用的基准中；

④将核准的变更通知有关利害关系者；

⑤采取行动将以后预期的费用限制在可以接受的范围之内。

费用控制的重要手段之一就是定期撰写"项目费用状态报告"或"费用实施效果报告"，一般由有财会知识的人负责编写、审查和评价项目费用状态报告。在第一次出现费用超支或节余时，就应该收集数据资料，具体的审查和分析尚未完成的工作和已开销的费用。如果断定项目费用有可能超出预算时，就应该尽快要求顾客、委托人或其他责任人追加资金。后者必然要求项目经理提出书面报告，说明超支的原因和追加资金的理由。项目费用状态报告能很好地发挥这种作用，只有在项目经理能够保证可以控制项目总费用时，才有可能得到要求追加的资金。没有这样的保证，顾客、项目委托人或实施组织高层领导在全面分析项目费用的实施效果之后，就可能强迫停止项目。

有效的控制项目成本的关键是经常及时地分析项目成本管理的实际绩效。至关重要的是尽早地发现项目成本出现的偏差和问题，以便在情况变坏之前能够及时采取纠正措施，项目成本问题越早提出，对项目范围和项目进度的冲击就越小。否则，项目成本要控制在预算内，可能不是要缩小范围，就是要推迟项目进度或者降低项目质量。

任务小结

工程项目成本管理的过程可以分为事前管理、事中管理和事后管理三个阶段。为实现施工项目成本控制的目标，应做好以项目预算成本、计划成本和实际成本为主要内容的施工项目全过程的成本管理。在安全、质量、工期保证的情况下，加强工程成本管理，严格控制工程成本，争取降低工程成本，才能使建筑施工企业在市场竞争中立于不败之地。

参考答案

复习思考题

1. 建筑工程成本管理分为哪三个阶段？请详细说明各个阶段成本控制的作用。

2. 简述施工项目成本管理内容。

3. 请分析当前建筑工程项目成本管理中存在的主要问题。

任务 7.4 成本管理中应采取的措施

教学提示

本任务主要介绍建筑工程成本管理的措施，进行全过程成本管理的方法，建立以项目经理为核心的成本管理体系内容。

教学要求

通过本任务教学，学生应掌握建筑工程项目全过程成本管理方法，熟悉项目成本管理体系具体内容。

■ 7.4.1 建筑工程项目全过程成本管理

真正要使项目成本达到目标要求，必须做好项目成本控制。由于项目管理是一次性行为，它的管理对象只有一个工程项目，且随着工程项目建设的完成而结束其历史使命。在施工期间，项目成本能否降低，有无经济效益，得失在此一举，别无回旋余地，有很大的风险性。为确保项目盈利，成本控制不仅必要而且必须做好。施工项目成本控制的目的，在于降低项目成本，提高经济效益。然而，项目成本的降低，除了控制成本支出以外，还必须增加工程预算收入。因为，只有在增加收入的同时节约支出，才能提高施工项目成本的降低水平。

1. 建筑工程项目招标阶段的管理

工程项目招标阶段的控制主要包括：

(1)招标阶段的控制。根据工程概况和招标文件，联系建筑市场和竞争对手的情况，进行成本预测，提出投标决策意见。

(2)中标后的控制。中标以后，应根据项目的建设规模，组建与之相适应的项目经理部，同时以"标书"为依据确定项目的成本目标，并下达给项目经理部。

2. 施工准备阶段的管理

施工准备阶段的控制主要包括：

(1)根据设计图纸和有关技术资料，对施工方法、施工顺序、作业组织形式、机械设备选型、技术组织措施等进行认真的分析研究，并运用价值工程原理，制定出科学、先进、经济、合理的施工方案。

(2)根据企业下达的成本目标，以分部分项工程实物工程量为基础，联系劳动定额、材料消耗定额和技术组织措施的节约计划，在优化的施工方案的指导下，编制明细而具体的成本计划，并按照部门、施工队和班组的分工进行分解，作为部门、施工队和班组的责任成本落实下去，为今后的成本控制做好准备。

(3)间接费用预算的编制及落实。根据项目建设时间的长短和参加建设人数的多少，编制间接费用预算，并对上述预算进行明细分解，以项目经理部有关部门（或业务人员）责任成本的形式落实下去，为今后的成本控制和绩效考评提供依据。

3. 施工过程的管理

(1)加强施工任务单和限额领料单的管理。特别要做好每一个分部分项工程完成后的验收，以及实耗人工、实耗材料的数量核对，以保证施工任务单和限额领料单的结算资料绝对准确，为成本控制提供真实、可靠的数据。

(2)将施工任务单和限额领料单的结算资料与施工预算进行核对，计算分部分项工程的成本差异，分析差异产生的原因，并采取有效的纠偏措施。做好月度成本原始资料的收集和整理，正确计算月度成本，分析月度预算成本与实际成本的差异。

(3)在月度成本核算的基础上，实行责任成本核算。

(4)经常检查对外经济合同的履约情况，为顺利施工提供物质保证。

(5)定期检查各责任部门和责任者的成本控制情况，检查成本控制责权利的落实情况。

4. 竣工验收阶段的成本管理

(1)精心安排，干净利落地完成工程竣工扫尾工作。

(2)重视竣工验收工作，顺利交付使用。

(3)及时办理工程结算。

(4)工程保修期间，由项目经理指定保修工作的责任者，并责成保修责任者根据实际情况提出保修计划（包括费用计划），以此作为控制保修费用的依据。

■ **7.4.2 建立以项目经理为核心的项目成本管理体系** ·······································

1. 以项目经理为核心成本管理体系的建立

施工项目的成本管理，不仅仅是专业成本管理人员的责任，所有的项目管理人员，特别是项目经理，都要按照自己的业务分工各负其责。强调成本控制，一方面，是因为成本指标的重要性，是诸多经济指标中的必要指标之一；另一方面，还在于成本指标的综合性和群众性，既要依靠各部门、各单位的共同努力，又要由各部门、各单位共享降低成本的成果。为了保证项目成本控制工作的顺利进行，需要把所有参加项目建设的人员组织起来，并按照各自的分工开展工作。

项目经理负责制是项目管理的特征之一。项目经理负责制要求项目经理对项目建设的进度、质量、成本、安全和现场管理标准化等工作全面负责，特别要把成本控制放在首位，因为成本失控，必然影响项目的经济效益，难以完成预期的成本目标，更无法向上级和职工交代。

项目经理的责任成本要求包括为施工准备、组织和管理施工生产所发生的全部费用支出，主要包括：工作人员薪金是指现场项目管理人员的工资、奖金、工资性质的津贴等；劳动保护费是指现场管理人员按规定标准发放的劳保用品的购置及修理费、防暑降温费等；职工福利费是指按现场项目管理人员工资总额的14％提取的福利费；办公费是指项目经理部办公用的文具、纸张、账表、水电书报费等。除上述四项外，还包括差旅交通费、固定资产使用费、工具用具使用费、保险费和工程排污费等。

2. 建立项目成本管理责任制

项目管理人员的成本责任，不同于工作责任。有时工作责任已经完成，甚至还完成得相当出色，但成本责任却没有完成。例如，项目工程师贯彻工程技术规范认真负责，对保证工程质量起了积极的作用，但往往强调了质量，忽视了节约，影响了成本。又如，材料员采购及时，供应到位，配合施工得力，值得赞扬，但在材料采购时就远不就近，就次不就好，就高不就低，既增加了采购成本，又不利于工程质量。因此，应该在原有职责分工的基础上，进一步明确成本控制责任，使每一个项目管理人员都有这样的认识：在完成工作责任的同时还要为降低成本精打细算，为节约成本开支严格把关。这里所说的成本控制责任制是指各项目管理人员在日常业务中对成本控制应尽的责任。要求根据实际整理成文，并作为一种制度加以贯彻。具体说明如下：

（1）合同预算员的成本管理责任。

1）根据合同内容、预算定额和有关规定，充分利用有利因素，编好施工图预算，为增收节支把好第一关。

2）深入研究合同规定的"开口"项目，在有关项目管理人员（如项目工程师、材料员等）的配合下，努力增加工程收入。

3）收集工程变更资料（包括工程变更通知单、技术核定单和按实结算的资料等），及时办理增加账，保证工程收入，及时收回垫付的资金。

4）参与对外经济合同的谈判和决策，以施工图预算和增加账为依据，严格控制经济合同的数量、单价和金额，切实做到以收定支。

（2）工程技术人员的成本管理责任。

1）根据施工现场的实际情况，合理规划施工现场平面布置（包括机械布局，材料、构件的堆放场地、车辆进出现场的运输道路，临时设施的搭建数量和标准等），为文明施工、减少浪费创造条件。

2）严格执行工程技术规范和以预防为主的方针，确保工程质量，减少零星修补，消灭质量事故，不断降低质量成本。

3）根据工程特点和设计要求，运用自身的技术优势，采取实用、有效的技术组织措施和合理化建议，走技术与经济相结合的道路，为提高项目经济效益开拓新的途径。

4）严格执行安全操作规程，减少一般安全事故，消灭重大人身伤亡事故和设备事故，确保安全生产，将事故损失减少到最低限度。

(3)材料人员的成本管理责任。

1)材料采购和构件加工，要选择质高、价低、运距短的供应(加工)单位。对到场的材料、构件要正确计量、认真验收，如果遇到质量不符合要求、数量不足等情况，要进行索赔。切实做到：一要降低材料、构件的采购(加工)成本；二要减少采购(加工)过程中的管理损耗，为降低材料成本走好第一步。

2)根据项目施工的计划进度，及时组织材料、构件的供应，保证项目施工的顺利进行，防止因停工待料造成损失。在构件加工过程中，要按照施工顺序组织配套供应，以免因规格不齐造成施工间隙，浪费时间、人力。

3)在施工过程中，严格执行限额领料制度，控制材料消耗；同时，还要做好余料的回收和利用，为考核材料的实际消耗水平提供正确的数据。

4)钢管脚手和钢模板等周转材料，进出现场都要认真清点，正确核实并减少损失数量；使用以后，要及时回收、整理、堆放，并及时退场，既可节省租费，又有利于场地整洁，还可加速周转，提高利用效率。

5)根据施工生产的需要，合理安排材料储备，减少资金占用，提高资金利用效率。

(4)机械管理人员的成本管理责任。

1)根据工程特点和施工方案，合理选择机械的型号规格，充分发挥机械的效能，节约机械费用。

2)根据施工需要，合理安排机械施工，提高机械利用率，减少机械费成本。

3)严格执行机械维修保养制度，加强平时的机械维修保养，保证机械完好，随时都能保持良好的状态在施工中正常运转，为提高机械作业效率、减轻劳动强度、加快施工进度发挥作用。

(5)行政管理人员的成本管理责任。

1)根据施工生产的需要和项目经理的意图，合理安排项目管理人员和后勤服务人员，节约工资性支出。

2)具体执行费用开支标准和有关财务制度，控制非生产性开支。

3)管好行政办公用的财产物资，防止损坏和流失。

4)安排好生活后勤服务，在勤俭节约的前提下，满足职工群众的生活需要，安心为前方生产出力。

(6)财务人员的成本管理责任。

1)按照成本开支范围、费用开支标准和有关财务制度，严格审核各项成本费用，控制成本支出。

2)建立天、周、月度财务收支计划制度，根据施工生产的需要，平衡调度资金，通过控制资金使用，达到控制成本的目的。

3)建立辅助记录，及时向项目经理和有关项目管理人员反馈信息，以便对资源消耗进行有效的控制。

4)开展成本分析，特别是分部分项工程成本分析、月(周)成本综合分析和针对特定问题的专题分析，要做到及时向项目经理和有关项目管理人员反映情况，提出问题和解决问题的建议，以便采取针对性的措施来纠正项目成本的偏差。

5）在项目经理的领导下，协助项目经理检查、考核各部门、各单位乃至班组责任成本的执行情况，落实责权利相结合的有关规定。

3. 施工队分包成本管理的责任制

在管理层与劳务层两层分离的条件下，项目经理部与施工队之间需要通过劳务合同建立发包与承包关系。在合同履行过程中，项目经理部有权对施工队的进度、质量、安全和现场管理标准进行监督，同时按合同规定支付劳务费用。至于施工队成本的节约或超支，属于施工队自身的管理范畴，项目经理部无权过问，也不应该过问。这里所说的对施工队分包成本的控制，是指以下内容：

（1）工程量和劳动定额的管理。项目经理部与施工队的发包和承包，是以实物工程量和劳动定额为依据的。在实际施工中，由于用户需要等原因，往往会发生工程设计和施工工艺的变更，使工程数量和劳动定额与劳务合同互有出入，需要按实际调整承包金额。对于上述变更事项，一定要强调事先的技术签证，严格控制合同金额的增加；同时，还要根据劳务费用增加的内容，及时办理增减账，以便通过工程款结算，从甲方那里取得补偿。

（2）零星用工的管理。由于建筑施工的特点，施工现场经常会有一些零星任务出现，需要施工队去完成。而这些零星任务，都是事先无法预见的，只能在劳务合同规定的定额用工以外另行估算，这就会增加相应的劳务费用支出。为了控制零星用工的数量和费用，可以采取以下方法：一是对工作量比较大的任务工作，通过领导、技术人员和生产骨干"三结合"讨论确定零工定额，使估算数量控制在估算定额的范围以内；二是按定额用工的一定比例由施工队包干，并在劳务合同中明确规定。一般情况下，应以第二种方法为主。

（3）坚持奖罚分明的原则。实践证明，项目建设的速度、质量、效益，在很大程度上取决于施工队的素质和在施工中的具体表现。因此，项目经理部除要对施工队加强管理以外，还要根据施工队完成施工任务的业绩，对照劳务合同规定的标准，认真考核，分清优劣，有奖有罚。在掌握奖罚尺度时，首先要以奖励为主，以激励施工队的生产积极性；但对达不到工期、质量等要求的情况，也要照章罚款并赔偿损失。这是一件事情的两个方面，必须以事实为依据，才能收到相辅相成的效果。由此可见，施工任务单和限额领料单是项目控制中最基本、最扎实的基础控制，它不仅能控制生产班组的责任成本，还能使项目建设的快速、优质、高效建立在坚实的基础之上。

📖 任务小结

由于项目管理是一次性行为，它的管理对象只有一个工程项目，且随着工程项目建设的完成而结束其历史使命，所以必须对工程成本进行全过程管理。项目经理负责制要求项目经理对项目建设的进度、质量、成本、安全和现场管理标准化等工作全面负责，特别要把成本控制放在首位。

复习思考题

1. 如何进行建筑工程项目全过程成本管理？请简要说明。
2. 建立以项目经理为核心的项目成本管理体系的具体措施有哪些？

参考答案

项目8　建筑工程资料管理

知识目标

了解建筑工程资料管理的意义、概念、相关基本知识；熟悉建筑工程资料管理有关政策规定和要求；掌握施工工程资料的各类主要内容，文件资料建档、立卷、归档的要求和方法；掌握体现安全、功能等工程重要指标的资料的相关知识。

技能目标

能够正确认识工程资料管理的重要性，对工程资料的常见载体形式比较熟悉；能够使用常见载体进行信息处理，能够熟练使用计算机和其他资料管理工具；能够掌握填写施工记录和资料表格的要点和关键；能够对工程资料进行基础性的模拟收集、整理、编号等工作。

素质目标

培养学生较强的职业技术素质和管理素质，计划、组织、沟通、协调的能力素质，乐岗敬业、认真负责、务实求真、严谨细致的人格素质。

任务 8.1　建筑工程资料管理概述

教学提示

本任务主要介绍建筑工程资料管理的必要性、特征、相关概念；施工单位工程资料管理主要职责；资料的保管期限与密级、载体形式。

教学要求

通过本任务教学，学生应了解建筑工程资料管理的必要性和特征，熟悉建筑工程资料管理的相关概念和工程资料载体常用形式，掌握建筑工程资料管理的主要任务和职责，掌握资料的保管期限与密级。

1. 建筑工程资料管理的必要性

(1)做好建筑工程资料管理工作，是认真贯彻《建设工程文件归档规范》(GB/T 50328—2014)的需要。

(2)加强建筑工程资料的规范化管理，有利于提高工程管理水平，是确保工程质量的一种具体体现。

(3)建筑工程资料是档案资料的重要组成部分，是工程竣工验收、评定工程质量优劣、结构的安全可靠程度、评定工程质量等级的必要条件。

(4)建筑工程资料是处理工程质量事故和安全事故的依据，也是对工程进行检查、维修、管理、使用、改扩建、预决算、审计等的重要依据。

(5)加强建筑工程资料管理，可以促使项目建设的相关单位和个人按照标准、规范和规程进行施工。

(6)对施工过程中的资料进行保存和管理，工程竣工后，规定各类的工程资料应进行城建归档，为以后的项目建设提供参考和经验，是指导同类或相似工程建设的重要信息参考。

2. 建筑工程资料管理的特征

(1)复杂性。由于建筑工程建设的周期比较长，建设过程中受阶段性控制和季节性影响较强，且建筑材料的品种、种类繁多，施工流程复杂，施工管理和协调难度大，导致建筑工程资料具有一定的复杂性。

(2)随机性。因建筑工程资料产生于工程建设的全过程中，无论是工程立项审批、勘察设计，还是开工准备、施工、监理或竣工验收等各个阶段和环节中，都会产生各类文件和档案资料。在这些过程中，经常会随机产生一些意外事件或随机事件，这些事件的处理过程会产生一些特定文件和资料，导致建筑工程资料具有一定的随机性。

(3)时效性。有些工程文件和档案资料一经生成，就必须在规定的时间内及时传达到相关部门或单位，若不能及时送达，有可能会出现有关部门或单位不予认可的后果，进而可能影响工程进度、质量、结算等。

同时，随着"新技术、新工艺、新材料、新设备"四新技术的产生和发展，随着工程管理水平的不断提高，文件和档案资料的价值会随着时间推移而衰减，使其对其他项目建设的借鉴和参考作用产生弱化。

(4)真实性。建筑工程资料必须全面、真实地反映项目的各类信息，才具有实际意义。不真实的资料有可能导致对项目的误分析、误导、误判，形成错误的认知和结论，严重的甚至会引起重大的事故，造成不可估量的损失。

(5)综合性。建设工程项目往往都是综合性、系统性的工程项目，其中涉及多专业、多工种协同工作，如建筑、装饰、市政、园林、公用事业、消防、楼宇智能、强电、弱电、环境工程、声学、美学等。因此，建筑工程资料是多个专业和单位的文件资料的集成，具有很强的综合性。

(6)同步性。工程资料的收集工作与工程施工的每一道工序密切相关，必须与工程施工同步进行，以保证文件资料的准确性和时效性。

3. 建筑工程资料管理的相关概念

(1)建设工程。建设工程是经批准按照一个总体设计进行施工，经济上实行统一核算，行政上具有独立组织形式，实行统一管理的工程基本建设单位。它由一个或若干个具有内在联系的工程所成。

(2)建设工程文件。建设工程文件是在工程建设过程中形成的各种形式的信息记录，包括工程准备阶段文件、监理文件、施工文件、竣工图和竣工验收文件，简称为工程文件。

(3)工程准备阶段文件。工程准备阶段文件是在工程开工以前，在立项、审批、征地、用地、勘察、设计、招投标等工程准备阶段形成的文件。

(4)监理文件。监理文件是监理单位在工程设计、施工等监理过程中形成的文件。

(5)施工文件。施工文件是施工单位在工程施工过程中形成的文件。

(6)竣工图。竣工图是工程竣工验收后，真实反映建设工程施工结果的图样。

(7)竣工验收文件。竣工验收文件是建设工程项目竣工验收活动中形成的文件。

(8)建设工程档案。建设工程档案是在工程建设活动中直接形成的具有归档保存价值的文字、图纸、图表、声像、电子文件等各种形式的历史记录，简称工程档案。

(9)建设工程电子文件。建设工程电子文件是在工程建设过程中通过数字设备及环境生成，以数码形式存储于磁带、磁盘或光盘等载体，依赖计算机等数字设备阅读、处理，并可在通信网络上传送的文件。

(10)建设工程电子档案。建设工程电子档案是在工程建设过程中形成的，具有参考价值并作为档案保存的电子文件及其元数据。

(11)建设工程声像档案。建设工程声像档案是记录工程建设活动，具有保存价值的，用照片、影片、录音带、录像带、光盘、硬盘等记载的声音、图片和影像等历史记录。

(12)整理。整理是按照一定的原则，对工程文件进行挑选、分类、组合、排列、编目，使之有序化的过程。

(13)案卷。案卷是由互有联系的若干文件组成的档案保管单位。

(14)立卷。立卷是按照一定的原则和方法，将有保存价值的文件分门别类整理成案卷，也称组卷。

(15)归档。归档是文件形成部门或单位完成其工作任务后，将形成的文件整理立卷后，按规定向本单位档案室或向城建档案管理机构移交的过程。

(16)城建档案管理机构。城建档案管理机构是管理本地区城建档案工作的专门机构，以及接收、收集、保管和提供利用城建档案的城建档案馆、城建档案室。

4. 施工单位工程资料管理的主要职责

工程资料应随工程进度同步收集、整理、立卷和归档，施工单位应该把工程资料的形成和积累纳入工程管理的各个环节和相关工作人员的职责范围。

(1)项目部实行技术负责人负责制，逐级建立健全施工资料管理岗位责任制，规范开展施工资料管理工作。

(2)各分包单位负责其分包范围内的施工资料的收集、整理、汇总，总包单位负责本单位承担工作的施工资料的收集、整理、汇总和各分包单位编制的施工资料的汇总。总包单位和分包单位应对本单位提供资料的完整性、准确性和系统性负责，能够全面反映工程建设活动的全过程。

(3)对已形成的资料进行规范管理,做到准确无误、手续齐全、及时收集、及时传递收发、妥善保管。

(4)在工程竣工验收前,按照合同要求和有关规定,进行施工资料的整理、汇总、分类、组卷、归档和移交工作。

5. 资料的保管期限与密级

(1)工程资料保管期限的划分。工程资料保管期限应根据工程资料的保存价值在永久保管、长期保管、短期保管三种保管期限中选择划定。当同一档案内有不同保管期限的文件时,应以最长的保管期限作为该档案的保管期限,即保管期限"从长"原则。

1)永久保管。永久保管是指工程档案无限期地、尽可能长远地保存下去。列为永久保管的档案,是具有广泛社科意义以至永世久代具有查考作用的档案。

2)长期保管。长期保管是指工程档案保存到该工程被彻底拆除。列为长期保管的档案,不具有广泛社会意义和科学历史意义,而是本单位、机构或部门在较长时间内进行单位工作需要查考的文件材料。

3)短期保管。短期保管是指工程档案保存10年以下。列为短期保管的档案,是低于上述两个层次的,本单位、机构或部门在较短时间内需要查考的文件材料。

(2)工程资料保管密级的划分。工程资料的保管密级应在绝密、机密、秘密三个级别中选择划定。如果在同一档案内有不同密级的文件时,应以最高的密级作为该档案的密级,即保管密级"从高"原则。

1)绝密。绝密是最重要的国家秘密,是保密内容的核心部分,在一定时期、范围内需要绝对保密,一旦泄密会使国家的安全和利益遭受特别严重的危害和重大损失。

2)机密。机密是重要的国家秘密,是保密内容的重要部分,包括在一定时期、一定范围内需要保密的,一旦泄露会使国家的安全和利益遭受较大危害和较大损失。

3)秘密。秘密是一般的国家秘密,是保密内容的一部分,一旦泄露会使国家的安全和利益遭受一定的危害和损失。

6. 工程资料载体形式

目前工程资料的载体常见形式有纸质载体、缩微品载体、磁性载体、光盘载体等。

(1)纸质载体。纸质载体是以纸张为基础,在实际工作中应用最多和最普遍的一种载体形式。

(2)微缩品载体。微缩品载体是以胶片为基础,利用微缩技术对工程资料进行收集、保存的一种载体形式。

(3)磁性载体。磁性载体是以磁带、磁盘等磁性记忆材料为基础,对实际工程的各种活动声音、图像以及电子文件、资料等进行收集、保存的一种载体形式。

(4)光盘载体。光盘载体是以光盘为基础,利用现代计算机技术对实际工程的各种活动声音、图像以及电子文件、资料等进行收集、存储的一种载体形式。

由于微缩品载体和磁性载体资料的耐久性不如光盘载体,因此纸质载体、光盘载体的资料是文件、资料档案保存的主要形式。无论是哪种载体形式的工程资料,都应在工程建设的实际工作过程中形成、收集和整理而成。

任务小结

本任务为建筑工程资料管理的知识概述，可以使学生对建筑工程资料管理形成初步的认识。

复习思考题

1. 建筑工程资料管理有哪些特征？分别简述。
2. 何为立卷？何为归档？
3. 总包单位和分包单位在工程资料管理方面有什么主要职责？
4. 简述工程资料保管期限。
5. 简述工程资料保管密级。
6. 工程资料常见载体形式有哪些？

参考答案

任务 8.2　施工项目资料的内容

教学提示

本任务主要介绍施工管理资料；施工技术资料；施工物资资料；施工记录资料；施工测量记录资料；隐蔽工程检查验收记录；施工检测和试验记录；工程质量缺陷处理记录；质量验收和竣工验收资料；建筑与结构工程安全和功能检验资料。

教学要求

通过本项目教学，学生应了解施工项目实施过程中的主要施工资料体系，了解施工管理资料、施工测量记录资料、施工记录资料的主要内容，熟悉施工物资资料、施工检测和试验记录、工程质量缺陷处理记录、质量验收和竣工验收资料的主要内容，掌握施工技术资料、隐蔽工程检查验收记录、建筑与结构工程安全和功能检验资料的主要内容，熟悉或掌握不同资料报审的相关职责单位。

在建筑工程的各类资料中，最为复杂、最为重要且比较容易出现问题的当属施工资料。在施工过程中形成的内业资料，应该按照报验、报审程序，通过施工单位相应职能部门审核后，再报送建设单位或监理单位进行审核认定。一般来说，施工项目资料包括以下主要内容。

1. 施工管理资料

施工管理资料是施工单位的管理体系制定的管理制度、工作程序，是控制质量、安全、工期的措施，是人员、物资等要素的组织、管理等的资料。

（1）施工现场质量管理检查资料。施工单位按照各专业施工质量验收统一标准的规定，填写《施工现场质量管理检查记录》，报项目总监（或建设单位项目负责人）审核确认。

（2）合同管理资料。对所有合同施行分类整理、归档、保管，主要包括租赁类、购销类、劳务分包类、其他类四类，编写合同分类台账，实行合同会签程序。

对分包单位的选用、分包单位的资质和人员管理、分包单位的施工现场控制有相应的制度和管理措施。

合同原件原则上归入施工单位合同管理部门统一归档，需要用到合同的其他部门，如财务部、经营部、项目部等，可以留存合同复印件。

（3）特殊工种上岗证审查。特殊工种是指从事特种作业人员岗位类别的统称，是指容易发生人员伤亡事故，对操作本人、他人及周围设施的安全有重大危害的工种。原劳动部将从事井下、高空、高温、特重体力劳动或其他有害身体健康的工种定为特殊工种并明确特殊工种的范围由各行业主管部门或劳动部门确定。一般来说，特殊工种包含且不限于特种作业。

施工单位在工程开工前填写《特殊工种上岗证审查表》，并附人员名册/登记表和相应证书复印件，报监理单位审核。

（4）施工日志。施工日志应由项目经理部确定专人负责填写，记录从工程开工之日起至竣工之日止的全部技术质量管理和生产经营活动。其主要内容包括：

1）生产情况：施工部位、施工内容、人员安排、机械作业、班级工作以及生产存在问题等。

2）技术质量安全活动：技术质量安全措施的贯彻实施、检查评定验收及发生的技术质量安全问题等。

（5）工程开/复工报审和停/复工报告。施工单位在完成施工准备，并取得施工许可证之后，应填写《工程开/复工报审表》，向监理（建设）单位提出开工申请，监理（建设）单位应及时进行审批。

在施工实施过程中，由于某些原因而导致工程需要停工，如设计图纸提供不及时、建设资金短缺、报批手续不全、材料供应不及时、施工出现质量安全问题、施工单位与建设单位矛盾等，或停工后经采取措施重新具备施工条件时，施工单位应填写《工程停/复工报告表》，报监理（建设）单位审批。

2. 施工技术资料

（1）图纸会审记录。图纸会审是指工程各参建单位（建设单位、监理单位、施工单位、主要设备厂家等）对设计院的施工图纸（含设计说明）开展全面细致的读图工作，熟悉设计图纸，审查或找出施工图中存在的问题、不合理情况、未完整表达的地方并提交设计院进行处理的一项重要活动。图纸会审由建设单位负责组织并记录，也可由建设单位委托监理单位代为组织。

（2）施工组织设计。施工组织设计按编制对象范围不同，分为施工组织总设计、单位工程施工组织设计、分部（分项）工程施工组织设计。

施工单位在施工前编制施工组织设计，先经施工单位相关职能部门审核，由施工单位总工程师或技术负责人审批后，再报监理单位审定签字，才能用作指导施工。

(3)施工方案和专项施工方案专家论证。"达到一定规模的危险性较大的"分部(子分部)、分项工程、重点部位、技术复杂或采用新技术的关键工序应编制《专项施工方案》，先经施工单位相关职能部门审核，由施工单位总工程师或技术负责人审批后，再报监理单位审定签字。

"超过一定规模的危险性较大的"分部分项工程，除应编制《专项施工方案》外，还应组织专家进行专家论证，通过后方可施工。其专项施工方案及专家论证审查意见，均是施工技术资料的重要组成部分。

(4)技术交底记录。技术交底是对施工图、设计变更、施工技术规范、施工质量验收标准、操作规程、施工组织设计、施工方案、分项工程施工操作技术、新技术施工方法等的具体要求和指导。

技术交底的主要内容包括工程做法、设计及规范要求、质量标准、操作要点、施工注意事项、保证质量及安全的技术措施等。

技术交底由总工程师、技术质量部门负责人、项目技术负责人、有关技术质量人员及施工人员分层负责，完成交底后由交底人和被交底人双方签字确认，形成书面资料。

(5)设计变更记录。工程设计变更时，设计单位应及时签发《设计变更通知书》，经项目总监(建设单位项目负责人)审定后，转交施工单位。设计变更资料可以作为施工单位提出索赔、申请结算工程款的依据。

设计变更内容包括需变更的内容、原图号、必要的附图，由建设、设计、施工、监理等各方代表签字及所在单位加盖公章。重要结构变更、重大变更及涉及使用功能的变更通知单，应有原设计施工图纸审查单位的审查意见。

(6)工程洽商记录。《工程洽商记录》包括工程洽商依据、内容、原图号及必要的附图。《工程洽商记录》应分专业办理，内容应翔实，如果涉及设计变更时应附《设计变更通知书》。工程洽商记录由提出方填写，各参加方签字。

(7)技术联系(通知)单。《技术联系(通知)单》是用于施工单位与建设、设计、监理等单位进行技术联系与处理时使用的文件。

《技术联系(通知)单》应写明需解决或交代的具体内容。经各方协商同意签字后，可以代替《设计变更通知书》的作用。

3. 施工物资资料

施工物资资料包括建筑材料、成品、半成品、构(配)件、器具、设备及附件等的出厂质量证明文件，材料、构(配)件进场检验记录，试样委托单及试验报告，设备进场开箱检验记录等。

(1)出厂质量证明文件。出厂质量证明文件包括产品合格证，质量认证书，检验报告，产品生产许可证，特定产品核准证，进口物资商检证、中文版质量证明、安装、使用、维修说明书等，由供应单位提供。

质量证明文件为复印件时应与原件内容一致，但必须加盖原件存放单位的公章，注明原件存放处，并由经办人签字和注明签字日期。如果质量证明为传真件，则应转换成复印件再保存。

凡使用的新材料、新产品、新设备均应具有产品质量标准、试验要求、鉴定证书及主要设备生产许可证，并提供安装维修、使用工艺标准等相关技术文件，并且在使用前进行试验和检验。

（2）材料、构（配）件进场检验记录。主要物资进场时，施工、供应单位（必要时应有监理、建设单位参加）应共同对其品种、规格、数量、外观质量及出厂质量证明文件进行检验，填写《材料、构（配）件进场检验记录》。

（3）试样委托单及试验报告。需做进场试验的建筑材料、构（配）件或对其质量有疑义时，应进行取样或见证取样，填写《试样委托单》送检测单位试验。试验报告按要求分类别进行整理和保管。

原材料、构（配）件进场复验报告通常包括以下几种：

1）通用硅酸盐水泥复（试）验报告。

2）钢筋复（试）验报告。

3）砖复（试）验报告。

4）砌筑用石材复（试）验报告。

5）粗、细集料复（试）验报告。

6）外加剂复（试）验报告。

7）掺合料复（试）验报告。

8）预拌混凝土复（试）验报告。

9）防水材料复（试）验报告。

10）其他原材料复（试）验报告。

（4）设备进场开箱检验记录。设备和附件进场时，建设、监理、施工、供应单位有关专业技术人员应共同开箱检验，填写《设备进场开箱检验记录》。

4. 施工记录资料

施工记录是对重要工程项目或关键部位的施工方法、使用材料、构（配）件、操作人员、时间、施工情况等进行的记载，应有有关人员签字。

（1）预检记录。预检记录是对施工重要工序进行的预先质量控制检查记录，为通用施工记录，适用于各专业。依据现行施工规范，对于其他涉及工程结构安全，实体质量、建筑观感质量及人身安全须做质量预控的重要工序，应做质量预控，填写预检记录。

（2）施工通用检查记录。对隐蔽工程检查记录和预检记录不适用的其他重要工序，应按规范要求进行施工质量检查，填写《施工检查记录》。

（3）施工交接检查记录。分项（分部）工程完成，在不同专业施工单位之间应进行工程交接，并应进行专业交接检查，填写交接检查记录。移交单位、接收单位和见证单位共同对移交工程进行验收，并对质量情况、遗留问题、工序要求、注意事项等进行记录。参与移交及接收的部门不得作为见证单位。

（4）施工报审记录。施工单位在开工前、施工过程、竣工等各阶段，某些特定的分部分项工程施工前，需提供相应的报审资料。如在开工前报审项目经理部管理人员、报审施工组织设计和施工方案、报审工程分包等；施工过程进行工程测量报验、工程物资进场报验、进度款报验、施工进度计划报验、混凝土浇筑报审等；竣工阶段报审单位工程质检资料、竣工报告、保修书等。

5. 施工测量记录资料

施工测量记录是施工中用各种测量仪器和工具，对工程的位置、垂直度及沉降量等进行度量和测定所形成的记录。记录中应有测量依据和过程，并应进行复核检查，监理工程师和有关人员应查验签字。

安装抄测记录是用于各种构件、管道及设备安装时，对轴线、标高、角度、坡度等进行测量控制的记录。施工单位完成抄测后，应填写安装抄测记录，报监理单位审核签字。

6. 隐蔽工程检查验收记录

隐蔽工程是指上道工序被下道工序所掩盖，其自身的质量无法再进行检查的工程。隐蔽工程检查验收记录是指被掩埋（盖）的工程或部位在掩埋（盖）前，由施工单位、监理（建设）单位（有时也需勘察、设计单位参加）共同对工程的相关资料和实物质量进行检查验收所形成的记录，必要时应附简图。

7. 施工检测和试验记录

施工检测和试验资料是对已完工种质量、设备单机试运转、系统调试运行进行现场检测、试验或实物取样后送检进行试验等工作所形成的资料。施工检测和试验按规定应委托检测单位进行，由委托单位填写检测委托单，由检测单位填写检测（试验）记录。

施工检测和试验记录包括通用、专用施工试验记录〔如施工试验记录（通用）、土建专用施工试验记录、电气专用施工试验记录、通风空调专用施工试验记录等〕和专项试验记录（如设备试运转记录、钢筋连接试验报告、混凝土抗压强度试验报告、电气接地电阻测试记录、综合布线测试记录、管道通水试验记录、电梯负荷运行试验记录等）。

8. 工程质量缺陷处理记录

质量缺陷是指房屋建筑工程的质量不符合工程建设强制性标准以及合同的约定。已经发现的质量缺陷，由施工单位提出质量缺陷技术处理方案，按方案处理缺陷，并及时填写质量缺陷处理记录表。

由监理单位组织填写质量缺陷备案表。质量缺陷备案资料必须按竣工验收的标准制备，作为工程竣工验收备查资料存档。

9. 质量验收和竣工验收资料

建筑工程的检验批、分项工程、分部（子分部）、单位（子单位）工程的施工质量验收按《建筑工程施工质量验收统一标准》（GB 50300—2013）的规定执行。

建筑节能分部的施工质量验收按《建筑节能工程施工质量验收规范》（GB 50411—2007）的规定执行。

单位（子单位）工程竣工验收资料一般包括工程概况、工程质量事故调查与报告、单位（子单位）工程施工质量竣工验收资料及单位（子单位）工程施工总结等文件。

10. 建筑与结构工程安全和功能检验资料

（1）淋（蓄）水试验记录（通用）。屋面防水工程完成后，应进行淋水或蓄水试验。

屋面淋水（蓄水）试验应符合设计要求及现行国家标准《屋面工程质量验收规范》（GB 50207—2012）的规定。

屋面淋水（蓄水）试验应进行监理旁站，对无监理的项目，应由建设单位承担旁站职责。

（2）地下工程（室）防水效果检查记录。地下防水工程应由专业的防水队伍施工，主要施工人员应持有执业资格证书，所使用的防水材料应有产品合格证书和性能检测报告，材料的品种、规格、性能等应符合现行国家产品标准和设计要求。

地下室防水工程验收时，应同时检查防水效果，并填写检查情况。

（3）有防水要求的地面蓄水试验记录。地面防水工程应由专业的防水队伍施工，主要施工人员应持有执业资格证书，所使用的防水材料应有产品合格证书和性能检测报告，材料的品种、规格、性能等应符合现行国家产品标准和设计要求。

地面防水工程验收时，必须进行蓄水试验，并将试验结果填写在相应表格中。

（4）建筑物垂直度、标高、全高测量记录。建筑物垂直度、标高、全高测量记录是在施工过程中和竣工后进行的对建筑物垂直度、标高、全高所作的测量记录。

测量所用的仪器，应经过法定检验部门检字合格并在有效期内使用。测量记录内容应完整，数据应真实可靠，不得涂改，测量人员及相关人员的签字手续应齐全。

（5）抽气（风）道检查记录。抽气（风）道检查记录是在施工过程中对抽气道、垃圾道的检查记录。抽气（风）道工程竣工前应进行抽气（风）道检查，并按相应表式填写抽气（风）道检查记录。

抽气（风）道检查应记录完整，数据真实、可靠，测量人员及相关人员的签字手续应齐全。

（6）幕墙及外窗气密性、水密性、耐风压检测报告。幕墙的"四性"检测报告包括空气渗透性能（气密性）、雨水渗透性能（水密性）、风压变形性能（耐风压）、平面内变形性能。设计要求做"四性"试验的幕墙必须提供"四性"检测报告。当设计无明确要求时，由建筑、监理、设计施工商定。

幕墙的"四性"检测报告在幕墙施工完成后和外窗施工前经试验单位检测提供的报告。

（7）建筑物沉降观测记录。高耸构筑物、高层建筑、大型公共建筑、重要工业厂房及在软弱地基上建造的建筑物，采用锚杆静压桩进行地基处理或基础托换的新建或改建建（构）筑物以及《建筑地基基础设计规范》（GB 50007—2011）规定应进行变形观测的建筑物，需进行可靠性鉴定的，均应进行沉降观测，并按单位工程提供降观测记录。

沉降观测测量记录应填写完整，沉降观测的每一个区域必须有足够的水准点，不得少于 3 个。沉降观测的水准点应设置在基岩上或设在压缩性较低的土层上，避开沉降和振动影响的范围，与被观测的建（构）筑物的距离宜为 30～50 m。

📖 任务小结

本任务为建筑工程资料管理的内容详述，可以使学生对建筑工程资料管理的认识进一步深入，把握好建筑工程资料管理的体系和主要内容。

📖 复习思考题

1. 简述特殊工种的含义。

2. "达到一定规模的危险性较大的"分部分项工程有什么特殊的管理要求？"超过一定规模的危险性较大的"分部分项工程呢？

参考答案

3. 技术交底的主要内容有哪些？

4. 何为隐蔽工程？请举例。

5. 幕墙的四性检测报告包括哪四项？何时完成？

实训练习题

背景资料：某住宅小区，A承包单位对装饰工程进行分包，A单位要求分包单位填报分包单位资质报审表，分包单位填写资质报审表后，提请项目监理机构对其分包单位资质进行审核，项目土建专业监理工程师审核认可后加盖项目监理机构章，并提请建设单位认可。

请根据背景资料完成相应小题选项，其中判断题二选一（A、B选项），单选题四选一（A、B、C、D选项），多选题四选二或三（A、B、C、D选项）。不选、多选、少选、错选均不得分。

(1)（单选题）分包单位资质报审表呈报监理机构后，由（　　）进行初审。

参考答案

A. 监理员　　　　　　B. 专业监理工程师

C. 总监　　　　　　　D. 专业监理工程师会同总监

(2)（判断题）A承包单位要求分包单位填报分包单位资质报审表，是否正确？（　　）

A. 正确　　　　　　　　　　　　B. 不正确

(3)（判断题）项目专业监理工程师审核认可后加盖项目监理机构章，是否妥当？（　　）

A. 不妥当　　　　　　　　　　　B. 妥当

(4)（单选题）分包单位资质报审表由（　　）签字、盖章。

A. 分包公司法人　　　　　　　　B. 分包方项目经理

C. 承包方项目经理　　　　　　　D. 项目技术负责人

(5)（单选题）分包单位资质报审表属于（　　）类表格。

A. B　　　　　B. D　　　　　C. A　　　　　D. C

(6)（单选题）下列不属于分包单位资质报审表附件内容的是（　　）。

A. 资质材料　　　　　　　　　　B. 业绩材料

C. 中标通知书　　　　　　　　　D. 施工合同

(7)（单选题）下列说法正确的是（　　）。

A. 分包后，总承包单位对现场安全负总责

B. 分包后，总承包单位对分包工程安全无任何责任

C. 分包工程安全资料由总承包单位编制

D. 分包工程安全资料由分包单位编制，并在工程竣工前呈报监理机构

(8)（多选题）分包单位资质报审的内容可包括（　　）。

A. 分包单位的业绩　　　　　　　B. 分包责任书

C. 分包单位的营业执照　　　　　D. 拟分包工程的内容

(9)(多选题)分包单位资质报表内签字的人员有(　　　)。

　　A. 项目经理　　　　　　　　　　B. 监理单位

　　C. 总监理工程师　　　　　　　　D. 技术负责人

(10)(多选题)分包单位资质报表审表由(　　　)各保存一份。

　　A. 建设单位　　　　　　　　　　B. 监理单位

　　C. 施工总承包单位　　　　　　　D. 项目经理部

任务 8.3　工程文件档案资料的管理

教学提示

本任务订介绍工程文件资料的形成过程；工程文件资料的归档范围和质量要求；工程文件资料的立卷；工程文件资料的验收与移交。

教学要求

通过本任务教学，学生应了解工程文件资料的形成过程，了解档案文件的归档，熟悉工程文件资料的归档范围与质量要求，熟悉工程文件资料立卷要点，掌握工程文件档案资料的编号原则和方法，以工程文件资料的归档范围和编号为教学重点，以工程文件资料的编号、立卷为教学难点。

1. 工程文件资料的形成过程

(1)施工技术文件资料形成过程，如图 8-1 所示。

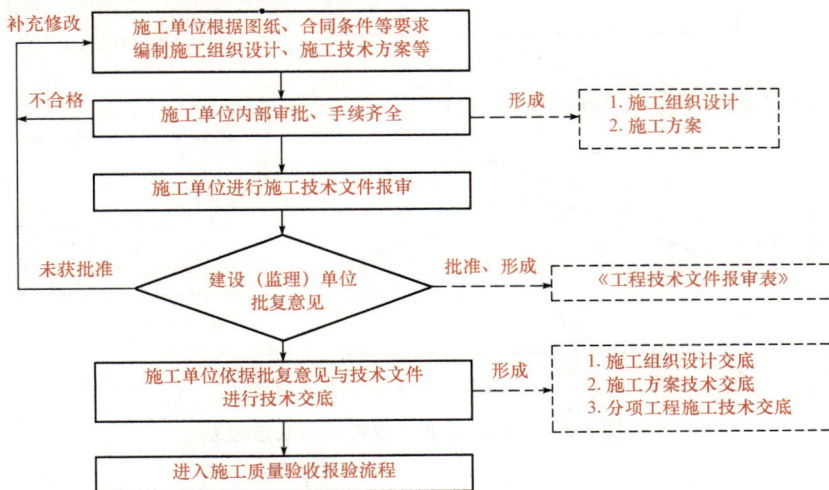

图 8-1　施工技术文件资料形成过程图

（2）物资管理资料形成过程，如图 8-2 所示。

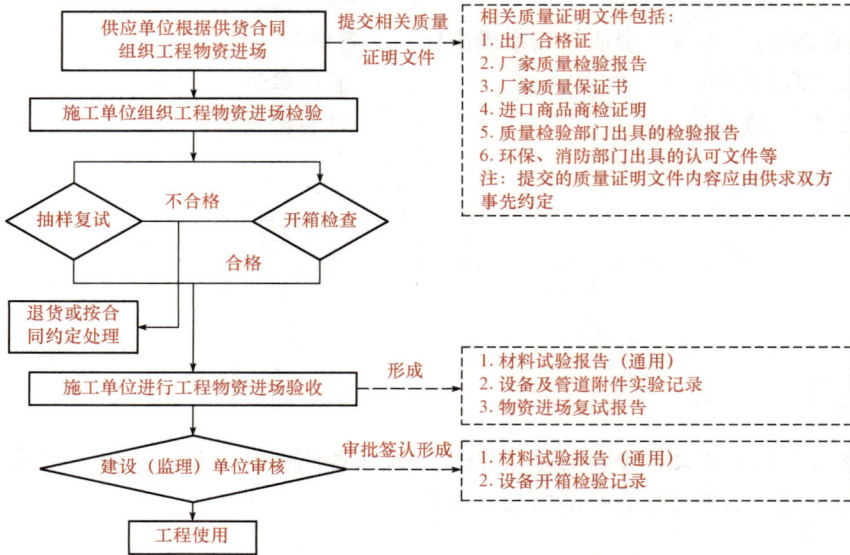

图 8-2　物资管理资料形成过程图

（3）检验批质量验收资料形成过程，如图 8-3 所示。

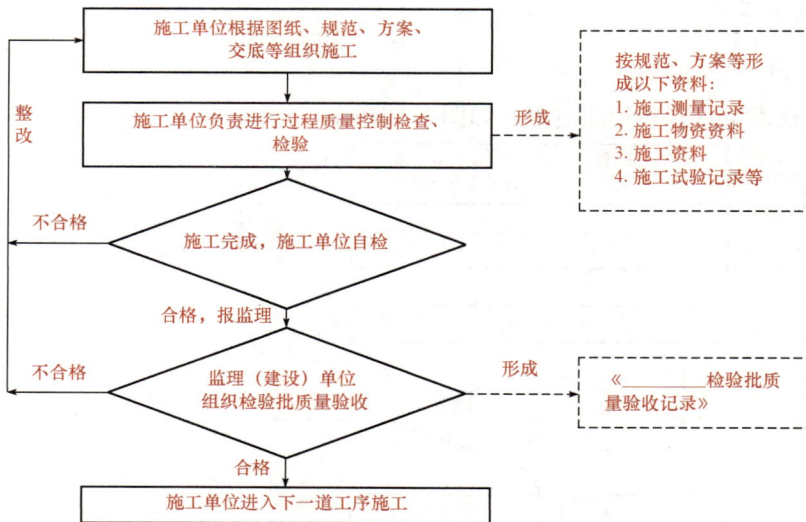

图 8-3　检验批质量验收资料形成过程图

（4）分项工程质量验收资料形成过程，如图 8-4 所示。

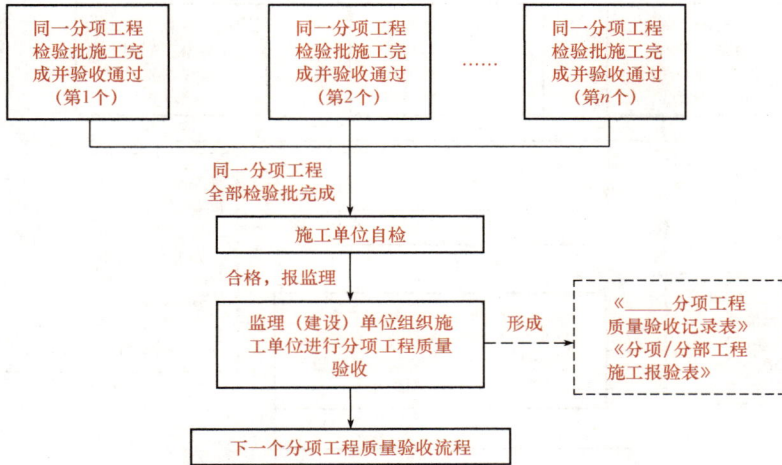

图 8-4 分项工程质量验收资料形成过程图

（5）子分部工程质量验收资料形成过程，如图 8-5 所示。

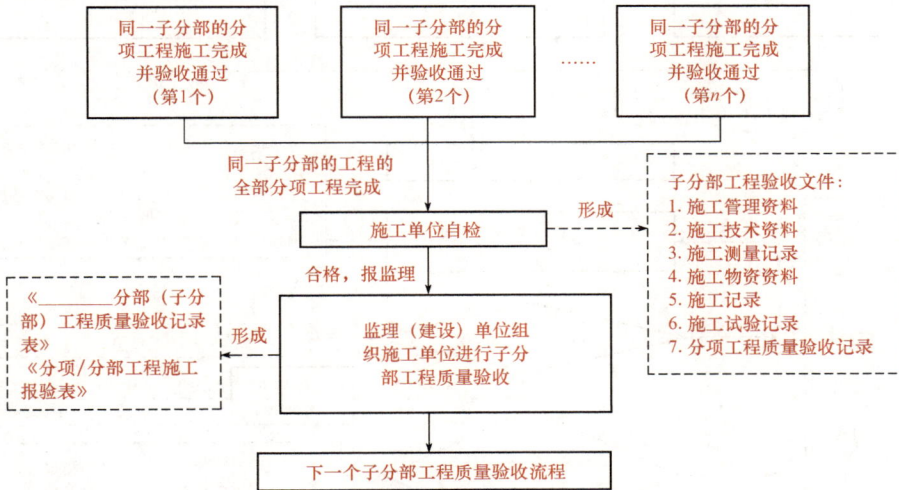

图 8-5 子分部工程质量验收资料形成过程图

（6）分部工程质量验收资料形成过程，如图 8-6 所示。

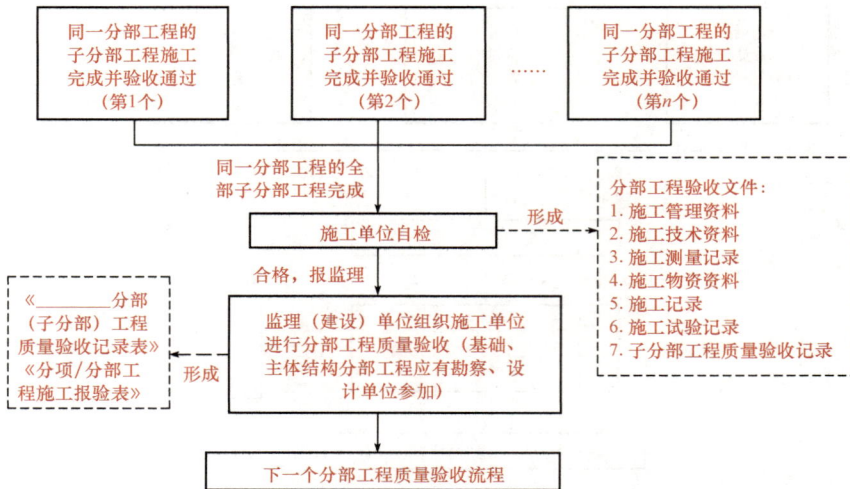

图 8-6　分部工程质量验收资料形成过程图

(7)单位(子单位)工程竣工验收资料形成过程，如图 8-7 所示。

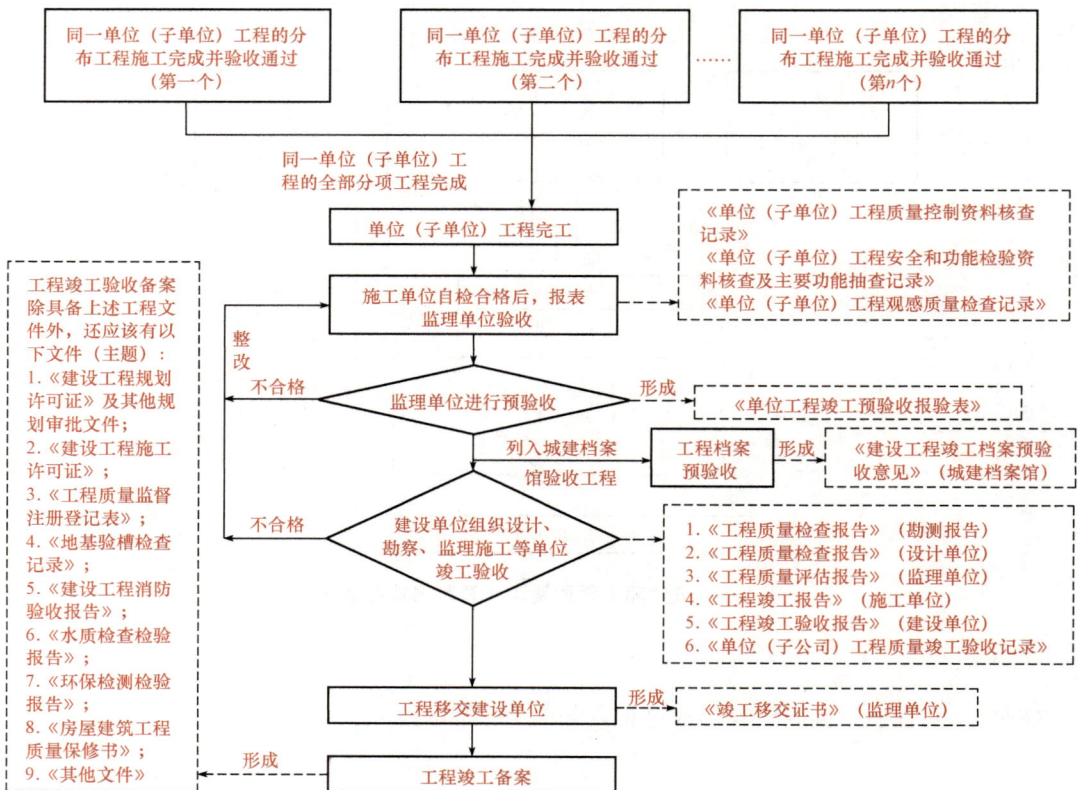

图 8-7　单位(子单位)工程质量验收资料形成过程图

2. 工程文件资料的归档范围和质量要求

对与工程建设有关的重要活动、记载工程建设主要过程和现状、具有保存价值的各种载体的文件，均应收集齐全、整理立卷后归档。不属于归档范围、没有保存价值的工程文件，文件形成单位可自行组织销毁。

(1)建筑工程文件归档范围见表8-1。

表 8-1　建筑工程文件归档范围表

类别	归档文件	保存单位				
		建设单位	设计单位	施工单位	监理单位	城建档案馆
工程准备阶段文件（A）类						
A1	立项文件					
1	项目建议书批复文件及项目建议书	▲				▲
2	可行性研究报告批复文件及可行性研究报告	▲				▲
3	专家论证意见、项目评估文件	▲				▲
4	有关立项的会议纪要、领导批示	▲				▲
A2	建设用地、拆迁文件					
1	选址申请及选址规划意见通知书	▲				▲
2	建设用地批准书	▲				▲
3	拆迁安置意见、协议、方案等	▲				△
4	建设用地规划许可证及其附件	▲				▲
5	土地使用证明文件及其附件	▲				▲
6	建设用地钉桩通知单					▲
A3	勘察、设计文件					
1	工程地质勘察报告	▲	▲			▲
2	水文地质勘察报告	▲	▲			▲
3	初步设计文件(说明书)	▲	▲			▲
4	设计方案审查意见	▲	▲			▲
5	人防、环保、消防等有关主管部门(对设计方案)审查意见	▲	▲			▲
6	设计计算书	▲	▲			△
7	施工图设计文件审查意见	▲	▲			▲
8	节能设计备案文件	▲				▲

类别	归档文件	保存单位				
		建设单位	设计单位	施工单位	监理单位	城建档案馆
A4	招投标文件					
1	勘察、设计招投标文件	▲	▲			
2	勘察、设计合同	▲	▲			▲
3	施工招投标文件	▲		▲	△	
4	施工合同	▲		▲	△	▲
5	工程监理招投标文件	▲			▲	
6	监理合同	▲			▲	▲
A5	开工审批文件					
1	建设工程规划许可证及其附件	▲		△	△	▲
2	建设工程施工许可证	▲		▲	▲	▲
A6	工程造价文件					
1	工程投资估算材料	▲				
2	工程设计概算材料	▲				
3	招标控制价格文件	▲				
4	合同价格文件	▲		▲		△
5	结算价格文件	▲		▲		△
A7	工程建设基本信息					
1	工程概况信息表	▲		△		▲
2	建设单位工程项目负责人及现场管理人员名册	▲				▲
3	监理单位工程项目总监及监理人员名册	▲			▲	▲
4	施工单位工程项目经理及质量管理人员名册	▲		▲		▲
	监理文件（B类）					
B1	监理管理文件					
1	监理规划	▲			▲	▲
2	监理实施细则	▲		△	▲	▲
3	监理月报	△			▲	

类别	归档文件	保存单位				
		建设单位	设计单位	施工单位	监理单位	城建档案馆
4	监理会议纪要	▲		△	▲	
5	监理工作日志				▲	
6	监理工作总结				▲	▲
7	工作联系单	▲		△	△	
8	监理工程师通知	▲		△	△	△
9	监理工程师通知回复单	▲		△	△	△
10	工程暂停令	▲		△	△	▲
11	工程复工报审表	▲		▲	▲	▲
B2	进度控制文件					
1	工程开工报审表	▲		▲	▲	▲
2	施工进度计划报审表	▲		△	△	
B3	质量控制文件					
1	质量事故报告及处理资料	▲		▲	▲	▲
2	旁站监理记录	△		△	▲	
3	见证取样和送检人员备案表	▲		▲	▲	
4	见证记录	▲		▲	▲	
5	工程技术文件报审表			△		
B4	造价控制文件					
1	工程款支付	▲		△	△	
2	工程款支付证书	▲		△	△	
3	工程变更费用报审表	▲		△	△	
4	费用索赔申请表	▲		△	△	
5	费用索赔审批表	▲		△	△	
B5	工期管理文件					
1	工程延期申请表	▲		▲	▲	▲
2	工程延期审批表	▲			▲	▲

类别	归档文件	保存单位				
		建设单位	设计单位	施工单位	监理单位	城建档案馆
B6	监理验收文件					
1	竣工移交证书	▲		▲	▲	▲
2	监理资料移交书	▲		▲	▲	
	施工文件(C类)					
C1	施工管理文件					
1	工程概况表	▲		▲	▲	△
2	施工现场质量管理检查记录			△	△	
3	企业资质证书及相关专业人员岗位证书	△		△	△	△
4	分包单位资质报审表	▲		▲	▲	
5	建设单位质量事故勘察记录	▲		▲	▲	▲
6	建设工程质量事故报告书	▲		▲	▲	▲
7	施工检测计划	△		△	△	
8	见证试验检测汇总表	▲		▲	▲	▲
9	施工日志			▲		
C2	施工技术文件					
1	工程技术文件报审表	△		△	△	
2	施工组织设计及施工方案	△		△	△	△
3	危险性较大分部分项工程施工方案	△		△	△	△
4	技术交底记录	△		△		
5	图纸会审记录	▲	▲	▲	▲	▲
6	设计变更通知单	▲	▲	▲	▲	▲
7	工程洽商记录(技术核定单)	▲	▲	▲	▲	▲
C3	进度造价文件					
1	工程开工报审表	▲	▲	▲	▲	▲
2	工程复工报审表	▲	▲	▲	▲	▲
3	施工进度计划报审表			△	△	
4	施工进度计划			△	△	

类别	归档文件	保存单位				
		建设单位	设计单位	施工单位	监理单位	城建档案馆
5	人、机、料动态表			△	△	
6	工程延期申请表	▲		▲	▲	▲
7	工程款支付申请表	▲		△	△	
8	工程变更费用报审表	▲		△	△	
9	费用索赔申请表	▲		△	△	
C4	施工物资出厂质量证明及进场检测文件 出厂质量证明文件及检测报告					
1	砂、石、砖、水泥、钢筋、隔热保温、防腐材料、轻集料出厂证明文件	▲		▲	▲	△
2	其他物资出厂合格证、质量保证书、检测报告和报关单或商检证等	△		▲	△	
3	材料、设备的相关检验报告、型式检测报告、3C强制认证合格证书或3C标志	△		▲	△	
4	主要设备、器具的安装使用说明书	▲		▲	△	
5	进口的主要材料设备的商检证明文件	△		▲		
6	涉及消防、安全、卫生、环保节能的材料、设备的检测报告或法定机构出具的有效证明文件	▲		▲	▲	△
7	其他施工物资产品合格证、出厂检验报告					
	进场检验通用表格					
1	材料、构(配)件进场检验记录			△	△	
2	设备开箱检验记录			△	△	
3	设备及管道附件试验记录	▲		▲	△	
	进场复试报告					
1	钢材试验报告	▲		▲	▲	▲
2	水泥试验报告	▲		▲	▲	▲
3	砂试验报告	▲		▲	▲	▲
4	碎(卵)石试验报告	▲		▲	▲	▲

类别	归档文件	保存单位				
		建设单位	设计单位	施工单位	监理单位	城建档案馆
5	外加剂试验报告	△		▲	▲	▲
6	防水涂料试验报告	▲		▲	△	
7	防水卷材试验报告	▲		▲	△	
8	砖(砌块)试验报告	▲		▲	▲	▲
9	预应力筋复试报告	▲		▲	▲	▲
10	预应力锚具、夹具和连接器复试报告	▲		▲	▲	▲
11	装饰装修用门窗复试报告	▲		▲	△	
12	装饰装修用人造木板复试报告	▲		▲	△	
13	装饰装修用花岗石复试报告	▲		▲	△	
14	装饰装修用安全玻璃复试报告	▲		▲	△	
15	装饰装修用外墙面砖复试报告	▲		▲	△	
16	钢结构用钢材复试报告	▲		▲	▲	▲
17	钢结构用防火涂料复试报告	▲		▲	▲	▲
18	钢结构用焊接材料复试报告	▲		▲	▲	▲
19	钢结构用高强度大六角头螺栓连接副复试报告	▲		▲	▲	▲
20	钢结构用扭剪型高强度螺栓连接副复试报告	▲		▲	▲	▲
21	幕墙用铝塑板、石材、玻璃、结构胶复试报告	▲		▲	▲	▲
22	散热器、供暖系统保温材料、通风与空调工程绝热材料、风机盘管机组、低压配电系统电缆的见证取样复试报告	▲		▲	▲	▲
23	节能工程材料复试报告	▲		▲	▲	▲
24	其他物资进场复试报告					
C5	施工记录文件					
1	隐蔽工程验收记录	▲		▲	▲	▲
2	施工检查记录			△		
3	交接检查记录			△		
4	工程定位测量记录	▲		▲	▲	▲

类别	归档文件	保存单位				
		建设单位	设计单位	施工单位	监理单位	城建档案馆
5	基槽验线记录	▲		▲	▲	▲
6	楼层平面放线记录			△	△	△
7	楼层标高抄测记录			△	△	△
8	建筑物垂直度、标高观测记录	▲		▲	△	△
9	沉降观测记录	▲		▲	△	▲
10	基坑支护水平位移监测记录			△	△	
11	桩基、支护测量放线记录			△	△	
12	地基验槽记录	▲	▲	▲	▲	▲
13	地基钎探记录	▲		△	△	▲
14	混凝土浇灌申请书			△	△	
15	预拌混凝土运输单			△		
16	混凝土开盘鉴定			△	△	
17	混凝土拆模申请单			△		
18	混凝土预拌测温记录			△		
19	混凝土养护测温记录			△		
20	大体积混凝土养护测温记录			△		
21	大型构件吊装记录	▲		△	△	▲
22	焊接材料烘熔记录			△		
23	地下水工程防水效果检查记录	▲		△	△	
24	防水工程试水检查记录	▲		△	△	
25	通风(烟)道、垃圾道检查记录	▲		△	△	
26	预应力筋张拉记录	▲		▲	△	▲
27	有粘结预应力结构灌浆记录	▲		▲	△	▲
28	钢结构施工记录	▲		▲	△	
29	网架(索膜)施工记录	▲		▲	△	▲
30	木结构施工记录	▲		▲	△	
31	幕墙注胶检查记录	▲		▲	△	

类别	归档文件	保存单位				
		建设单位	设计单位	施工单位	监理单位	城建档案馆
32	自动扶梯、自动人行道的相邻区域检查记录	▲		▲	△	
33	电梯电气装置安装检查记录	▲		▲	△	
34	自动扶梯、自动人行道电气装置检查记录	▲		▲	△	
35	自动扶梯、自动人行道整机安装质量检查记录	▲		▲	△	
36	其他施工记录文件					
C6	施工试验记录及检测文件					
	通用表格					
1	设备单机试运转记录	▲		▲	△	△
2	系统试运转调试记录	▲		▲	△	△
3	接地电阻测试记录	▲		▲	△	△
4	绝缘电阻测试记录	▲		▲	△	△
	建筑与结构工程					
1	锚杆试验报告	▲	▲		△	△
2	地基承载力检验报告	▲		▲	△	▲
3	桩基检测报告	▲		▲	△	▲
4	土工击实试验报告	▲		▲	△	▲
5	回填土试验报告(应附图)	▲		▲	△	▲
6	钢筋机械连接试验报告	▲		▲	△	△
7	钢筋焊接连接试验报告	▲		▲	△	△
8	砂浆配合比申请书、通知单			△	△	△
9	砂浆抗压强度试验报告	▲		▲	△	▲
10	砌筑砂浆试块强度统计、评定记录	▲		▲		△
11	混凝土配合比申请书、通知单	▲		△	△	△
12	混凝土抗压强度试验报告	▲		▲	△	▲
13	混凝土试块强度统计、评定记录	▲		▲	△	△
14	混凝土抗渗试验报告	▲		▲	△	△
15	砂、石、水泥放射性指标报告	▲		▲	△	△

类别	归档文件	保存单位				
		建设单位	设计单位	施工单位	监理单位	城建档案馆
16	混凝土碱总量计算书	▲		▲	△	△
17	外墙饰面砖样板粘结强度试验报告	▲		▲	△	△
18	后置埋件抗拔试验报告	▲		▲	△	△
19	超声波探伤报告、探伤记录	▲		▲	△	△
20	钢构件射线探伤报告	▲		▲	△	△
21	磁粉探伤报告	▲		▲	△	△
22	高强度螺栓抗滑移系数检测报告	▲		▲	△	△
23	钢结构焊接工艺评定			△		
24	网架节点承载力试验报告	▲		▲	△	△
25	钢结构防腐、防火涂料厚度检测报告	▲		▲	△	△
26	木结构胶缝试验报告	▲		▲	△	
27	木结构构件力学性能试验报告	▲		▲	△	△
28	木结构防护剂试验报告	▲		▲	△	
29	幕墙双组分硅自同结构胶混匀性及拉断试验报告	▲		▲	△	△
30	幕墙的抗风压性能、空气渗透性能、雨水渗透性能及平面内变形性能检测报告	▲		▲	△	△
31	外门窗的抗风压性能、空气渗透性能和雨水渗透性能检测报告	▲		▲	△	△
32	墙体节能工程保温板材与基层粘结强度现场拉拔试验	▲		▲	△	△
33	外墙保温浆料同条件养护试件试验报告	▲		▲	△	△
34	结构实体混凝土强度验收记录	▲		▲	△	△
35	结构实体钢筋保护层厚度验收记录	▲		▲	△	△
36	围护结构现场实体检验	▲		▲	△	△
37	室内环境检测报告	▲		▲	△	△
38	节能性能检测报告	▲		▲	△	▲

类别	归档文件	保存单位				
		建设单位	设计单位	施工单位	监理单位	城建档案馆
39	其他建筑与结构施工试验记录与检测文件					
给水排水及供暖工程						
1	灌（满）水试验记录	▲		△	△	
2	强度严密性试验记录	▲		▲	△	△
3	通水试验记录	▲		△	△	
4	冲（吹）洗试验记录	▲		▲	△	
5	通球试验记录	▲		△	△	
6	补偿器安装记录			△	△	
7	消火栓试射记录	▲		▲	△	
8	安全附件安装检查记录			▲	△	
9	锅炉烘炉试验记录			▲	△	
10	锅炉煮炉试验记录			▲	△	
11	锅炉试运行记录	▲		▲	△	
12	安全阀定压合格证书	▲		▲	△	
13	自动喷水灭火系统联动试验记录	▲		▲	△	△
14	其他给水排水及供暖施工试验记录与检测文件					
建筑电气工程						
1	电气接地装置平面示意图表	▲		▲	△	△
2	电气器具通电安全检查记录	▲		△	△	
3	电气设备空载试运行记录	▲		▲	△	△
4	建筑物照明通电试运行记录	▲		▲	△	△
5	大型照明灯具承载试验记录	▲		▲	△	
6	漏电开关模拟试验记录	▲		▲	△	
7	大容量电气线路节点测温记录	▲		▲	△	
8	低压配电电源质量测试记录	▲		▲	△	
9	建筑物照明系统照度测试记录	▲		△	△	
10	其他建筑电气施工试验记录与检测文件					

类别	归档文件	保存单位				
		建设单位	设计单位	施工单位	监理单位	城建档案馆
	智能建筑工程					
1	综合布线测试记录	▲		▲	△	△
2	光纤损耗测试记录	▲		▲	△	△
3	视频系统末端测试记录	▲		▲	△	△
4	子系统检测记录	▲		▲	△	△
5	系统试运行记录	▲		▲	△	△
6	其他智能建筑施工试验记录与检测文件					
	通风与空调工程					
1	风管漏光检测记录	▲		△	△	
2	风管漏风检测记录	▲		▲	△	
3	现场组装除尘器、空调机漏风检测记录			△	△	
4	各房间室内风量测量记录	▲		△	△	
5	管网风量平衡记录	▲		△	△	
6	空调系统试运转调试记录	▲		▲	△	△
7	空调水系统试运转调试记录	▲		▲	△	△
8	制冷系统气密性试验记录	▲		▲	△	△
9	净化空调系统检测记录	▲		▲	△	△
10	防排烟系统联合试运行记录	▲		▲	△	△
11	其他通风与空调施工试验记录与检测文件					
	电梯工程					
1	轿厢平层准确度测量记录	▲		△	△	
2	电梯层门安全装置检测记录	▲		▲	△	
3	电梯电气安全装置检测记录	▲		▲	△	
4	电梯整机功能检测记录	▲		▲	△	
5	电梯主要功能检测记录	▲		▲	△	
6	电梯负荷运行试验记录	▲		▲	△	△
7	电梯负荷运行试验曲线图表	▲		▲	△	

类别	归档文件	保存单位				
		建设单位	设计单位	施工单位	监理单位	城建档案馆
8	电梯噪声测试记录	△		△	△	
9	自动扶梯、自动人行道安全装置检测记录	▲		▲	△	
10	自动扶梯、自动人行道整机性能、运行试验记录	▲		▲	△	△
11	其他电梯施工试验记录与检测文件					
C7	施工质量验收文件					
1	检验批质量验收记录	▲		△	△	
2	分项工程质量验收记录	▲		▲	▲	
3	分部(子分部)工程质量验收记录	▲		▲	▲	▲
4	建筑节能分部工程质量验收记录	▲		▲	▲	▲
5	自动喷水系统验收缺陷项目划分记录	▲		△	△	
6	程控电话交换系统分项工程质量验收记录	▲		▲	△	
7	会议电视系统分项工程质量验收记录	▲		▲	△	
8	卫星数字电视系统分项工程质量验收记录	▲		▲	△	
9	有线电视系统分项工程质量验收记录	▲		▲	△	
10	公共广播与紧急广播系统分项工程质量验收记录	▲		▲	△	
11	计算机网络系统分项工程质量验收记录	▲		▲	△	
12	应用软件系统分项工程质量验收记录	▲		▲	△	
13	网络安全系统分项工程质量验收记录	▲		▲	△	
14	空调与通风系统分项工程质量验收记录	▲		▲	△	
15	变配电系统分项工程质量验收记录	▲		▲	△	
16	公共照明系统分项工程质量验收记录	▲		▲	△	
17	给水排水系统分项工程质量验收记录	▲		▲	△	
18	热源和热交换系统分项工程质量验收记录	▲		▲	△	
19	冷冻和冷却水系统分项工程质量验收记录	▲		▲	△	
20	电梯和自动扶梯系统分项工程质量验收记录	▲		▲	△	
21	数据通信接口分项工程质量验收记录	▲		▲	△	

类别	归档文件	保存单位				
		建设单位	设计单位	施工单位	监理单位	城建档案馆
22	中央管理工作站及操作分站分项工程质量验收记录	▲		▲	△	
23	系统实时性、可维护性、可靠性分项工程质量验收记录	▲		▲	△	
24	现场设备安装及检测分项工程质量验收记录	▲		▲	△	
25	火灾自动报警及消防联动系统分项工程质量验收记录	▲		▲	△	
26	综合防范功能分项工程质量验收记录	▲		▲	△	
27	视频安防监控系统分项工程质量验收记录	▲		▲	△	
28	入侵报警系统分项工程质量验收记录	▲		▲	△	
29	出入口控制（门禁）系统分项工程质量验收记录	▲		▲	△	
30	巡更管理系统分项工程质量验收记录	▲		▲	△	
31	停车场(库)管理系统分项工程质量验收记录	▲		▲	△	
32	安全防范综合管理系统分项工程质量验收记录	▲		▲	△	
33	综合布线系统安装分项工程质量验收记录	▲		▲	△	
34	综合布线系统性能检测分项工程质量验收记录	▲		▲	△	
35	系统集成网络连接分项工程质量验收记录	▲		▲	△	
36	系统数据集成分项工程质量验收记录	▲		▲	△	
37	系统集成整体协调分项工程质量验收记录					
38	系统集成综合管理及冗余功能分项工程质量验收记录	▲		▲	△	
39	系统集成可维护性和安全性分项工程质量验收记录	▲		▲	△	
40	电源系统分项工程质量验收记录	▲		▲	△	
41	其他施工质量验收文件					
C8	施工验收文件					

类别	归档文件	保存单位				
		建设单位	设计单位	施工单位	监理单位	城建档案馆
1	单位(子单位)工程竣工预验收报验表	▲		▲		▲
2	单位(子单位)工程质量竣工验收记录	▲	△	▲		▲
3	单位(子单位)工程质量控制资料核查记录	▲		▲		▲
4	单位(子单位)工程安全和功能检验资料核查及主要功能抽查记录	▲		▲		▲
5	单位(子单位)观感质量检查记录	▲		▲		▲
6	施工资料移交书	▲		▲		
7	其他施工验收文件					
竣工图(D)类						
1	建筑竣工图	▲		▲		▲
2	结构竣工图	▲		▲		▲
3	钢结构竣工图	▲		▲		▲
4	幕墙竣工图	▲		▲		▲
5	室内装饰竣工图	▲		▲		
6	建筑给水排水及供暖竣工图	▲		▲		▲
7	建筑电气竣工图	▲		▲		▲
8	智能建筑竣工图	▲		▲		▲
9	通风与空调竣工图	▲		▲		▲
10	室外工程竣工图	▲		▲		▲
11	规划红线内的室外给水、排水、供热、供电、照明管线等竣工图	▲		▲		▲
12	规划红线内的道路、园林绿化、喷灌设施等竣工图	▲		▲		▲
工程竣工验收文件(E类)						
El	竣工验收与备案文件					
1	勘察单位工程质量检查报告	▲		△	△	▲
2	设计单位工程质量检查报告	▲	▲	△	△	▲
3	施工单位工程竣工报告	▲		▲	△	▲

类别	归档文件	保存单位				
		建设单位	设计单位	施工单位	监理单位	城建档案馆
4	监理单位工程质量评估报告	▲		△	▲	▲
5	工程竣工验收报告	▲	▲	▲	▲	▲
6	工程竣工验收会议纪要	▲	▲	▲	▲	▲
7	专家组竣工验收意见	▲	▲	▲	▲	▲
8	工程竣工验收证书	▲	▲	▲	▲	▲
9	规划、消防、环保、民防、防雷等部门出具的认可文件或准许使用文件	▲	▲	▲	▲	▲
10	房屋建筑工程质量保修书	▲				▲
11	住宅质量保证书、住宅使用说明书	▲		▲		▲
12	建设工程竣工验收备案表	▲	▲	▲	▲	▲
13	建设工程档案预验收意见	▲		△		▲
14	城市建设档案移交书	▲				▲
E2	竣工决算文件					
1	施工决算文件	▲		▲		△
2	监理决算文件	▲			▲	△
E3	工程声像资料等					
1	开工前原貌、施工阶段、竣工新貌照片	▲		△	△	▲
2	工程建设过程的录音、录像资料(重大工程)	▲		△	△	▲
E4	其他工程文件					

注：表中符号"▲"表示必须归档保存，"△"表示选择性归档保存。

(2)建筑工程归档文件质量要求。

1)归档的纸质工程文件应为原件。

2)工程文件的内容及其深度应符合国家现行有关工程勘察、设计、施工、监理等方面的技术规范、标准和规程的规定。

3)工程文件的内容必须真实、准确，应与工程实际相符合。

4)工程文件应采用碳素墨水、蓝黑墨水等耐久性强的书写材料，不得使用红色墨水、纯蓝墨水、圆珠笔、复写纸、铅笔等易褪色的书写材料。计算机输出文字和图件应使用激光打印机，不应使用色带式打印机、水性墨打印机和热敏打印机。

5)工程文件应字迹清楚，图样清晰，图表整洁，签字盖章手续应完备。

6)工程文件中文字材料幅面尺寸规格宜为 A4(297 mm×210 mm),图纸宜采用国家标准图幅。

7)工程文件的纸张应采用能长期保存的韧性大、耐久性强的纸张。

8)所有竣工图均应加盖竣工图章,并符合其他相关规定。

9)竣工图的绘制与改绘应符合国家现行有关制图标准的规定。

10)归档的建设工程电子文件应采用表 8-2 所列开放式文件格式或通用格式进行存储。专用软件产生的非通用格式的电子文件应转换成通用格式。

表 8-2 工程电子文件存储格式表

文件类别	格式
文本(表格)文件	PDF、XML、TXT
图像文件	JPEG、TIFF
图形文件	DWG、PDF、SVG
影像文件	MPEG2、MPEG4、AVI
声音文件	MP3、WAV

11)归档的建设工程电子文件应包含元数据,保证文件的完整性和有效性。元数据应符合现行行业标准《建设电子档案元数据标准》(CJJ/T 187—2012)的规定。

12)归档的建设工程电子文件应采用电子签名等手段,所载内容应真实和可靠。

13)归档的建设工程电子文件的内容必须与其纸质档案一致。

14)离线归档的建设工程电子档案载体,应采用一次性写入光盘,光盘不应有磨损、划伤。

15)存储移交电子档案的载体应经过检测,应无病毒、无数据读写故障,并应确保接收方能通过适当设备读出数据。

(3)工程文件档案资料的编号。

1)编号原则:以项目各个单体为编号单位,由总到分,按照不同的文件类别,分类编号。

2)编号方法。施工资料编号可由分部工程代号(2位)、子分部工程代号(2位)、资料类别分类编号(2位)、顺序号(3位)共 4 组代号组成,组与组之间应用横线隔开,编号形式如下:

$$××—××—××—×××$$
$$①\quad②\quad③\quad④$$

其中:

①为分部工程代号(共 2 位),应根据资料所属的分部工程的代号填写。

②为子分部工程代号(共 2 位),应根据资料所属的子分部工程的代号填写。

③为施工资料的类别号(共 2 位),应根据资料所属类别填写,主要分为 A、B、C、D

五类文件。

A类文件为建设单位文件资料，包括：立项文件(A1)，建设规划用地文件(A2)，勘察、设计文件(A3)，招投标、合同文件(A4)，工程开工文件(A5)，商务文件(A6)，工程竣工验收及备案文件(A7)，其他文件(A8)。

B类文件为监理单位文件资料，包括：监理管理文件(B1)、进度控制文件(B2)、质量控制文件(B3)、质量造价控制文件(B4)、工期管理文件(B5)、监理验收文件(B6)。

C类文件为施工单位文件资料，包括：施工管理文件(C1)、施工技术文件(C2)、进度造价文件(C3)、施工物资出厂质量证明及进场检测文件(C4)、施工记录文件(C5)、施工试验记录及检测文件(C6)、施工质量验收文件(C7)、工程施工验收文件(C8)。

D类文件为建筑安装工程竣工图。

E类文件为工程竣工验收文件，包括：竣工验收与备案文件(E1)、竣工决算文件(E2)、工程声像资料等(E3)、其他工程文件(E4)。

各类文件的具体分类细目及编号详见表8-2。

④为顺序号(共3位)，主要针对某一类资料根据时间节点形成的多份不同的资料，应根据相同表格、相同检查项目，按时间自然形成的先后顺序号填写，从001开始编号，例如：001 002。

3)施工资料编号应填入表格右上角的编号栏。

4)属于单位工程整体管理内容的资料，编号中的分部、子分部工程代号可用"00"代替。

5)同一厂家、同一品种、同一批次的施工物资用在两个分部、子分部工程中时，资料编号中的分部、子分部工程代号，可按主要使用部位填写。

6)对于同一种施工表格(如隐蔽工程验收记录、预检记录等)涉及多个分部(子分部)工程时，顺序号应根据分部(子分部)工程的不同，按分部(子分部)工程的各检查项目，分别从001开始连续标注。

7)编号举例。

①文件资料清单及编号表(局部)见表8-3。

表8-3　文件资料清单及编号表

类别	归档文件资料名称	资料(表格)编号	提供单位	保存单位				
				建设单位	设计单位	施工单位	监理单位	城建档案馆
工程准备阶段文件(A)类								
A1立项文件	项目建议书	A1—1	建设单位	▲				▲
	项目建议书批复文件	A1—2	建设主管部门	▲				▲
	可行性研究报告	A1—3	工程咨询单位	▲				▲
	可行性研究报告批复文件	A1—4	有关主管部门	▲				▲
	关于立项的会议纪要、领导指示	A1—5	组织单位	▲				▲
	专家对项目的有关建议文件	A1—6	建设单位	▲				▲
	项目评估研究资料	A1—7	建设单位	▲				▲

②资料编号举例

隐蔽工程验收记录表 C5－1	编号	02－03－C5－008

其中：

C5－1 为资料的表格编号；

02 为分部工程代号(2 位)；

03 为子分部工程代号(2 位)；

C5 为资料的类别编号(2 位)，与资料表格编号里的类别部分保持一致；

008 为顺序号(3 位)。

③分部(子分部)工程各检查项目表格编号举例。

表 C5－1　隐蔽工程检查记录　编号：03－C5－001

工程名称			
隐检项目	门窗安装(预埋件、埋固件或螺栓)	隐检日期	
(以下略)			

表 C5－1　隐蔽工程检查记录　编号：03－C5－002

工程名称			
隐检项目	吊顶安装(龙骨、吊件)	隐检日期	
(以下略)			

表 C5－1　隐蔽工程检查记录　编号：03－C5－003

工程名称			
隐检项目	轻质隔墙安装(预埋件、连接件或拉结筋)	隐检日期	
(以下略)			

8)其他说明。

①《建设工程文件归档规范》(GB/T 50328—2014)对各类工程文件归档范围给出了明确列表，但是，对于不包含在规范明确范围内的文件，进行编号时应灵活运用。例如：产证文件并不涉及分部工程或某一单体，则编号中只需包含一级类目、二级类目和三级类目，其他类目可以省略。设计文件中不涉及分部工程的，对于此类目的编写也可以同样省略。其他类文件的编号以此类推。

②之前介绍的编号方法为通用方法，但并非意味着在所有场合都能直接照搬，如其并不能实现设计、采购、成控等部门的一些详细文件的完整编号。相关单位(部门)在应用此方法编号的基础上，应对各自单位(部门)的详细文件自行编号，必要时形成下一级类目。

3. 工程文件资料的立卷

(1)立卷流程、原则和方法。

1)立卷应按下列流程进行：

①对属于归档范围的工程文件进行分类，确定归入案卷的文件材料；

②对卷内文件材料进行排列、编目、装订(或装盒)；

③排列所有案卷，形成案卷目录。

2)立卷应遵循下列原则：

①立卷应遵循工程文件的自然形成规律和工程专业的特点，保持卷内文件的有机联系，便于档案的保管和利用；

②工程文件应按不同的形成、整理单位及建设程序，按工程准备阶段文件、监理文件、施工文件、竣工图、竣工验收文件分别进行立卷，并可根据数量多少组成一卷或多卷；

③一项建设工程由多个单位工程组成时，工程文件应按单位工程立卷；

④不同载体的文件应分别立卷。

3)立卷应采用下列方法：

①工程准备阶段文件应按建设程序、形成单位等进行立卷；

②监理文件应按单位工程、分部工程或专业、阶段等进行立卷；

③施工文件应按单位工程、分部(分项)工程进行立卷；

④竣工图应按单位工程分专业进行立卷；

⑤竣工验收文件应按单位工程分专业进行立卷；

⑥电子文件立卷时，每个工程(项目)应建立多级文件夹，应与纸质文件在案卷设置上一致，并应建立相应的标识关系；

⑦声像资料应按建设工程各阶段立卷，重大事件及重要活动的声像资料应按专题立卷，声像档案与纸质档案应建立相应的标识关系。

4)施工文件的立卷应符合下列要求：

①专业承(分)包施工的分部、子分部(分项)工程应分别单独立卷；

②室外工程应按室外建筑环境和室外安装工程单独立卷；

③当施工文件中部分内容不能按一个单位工程分类立卷时，可按建设工程立卷。

5)图纸折叠要求：不同幅面的工程图纸，应统一折叠成 A4 幅面(297 mm×210 mm)。应图面朝内，首先沿标题栏的短边方向以 W 形折叠，然后再沿标题栏的长边方向以 W 形折叠，并使标题栏露在外面。

6)案卷不宜过厚，文字材料卷厚度不宜超过 20 mm，图纸卷厚度不宜超过 50 mm。

7)案卷内不应有重份文件，印刷成册的工程文件宜保持原状。

8)建设工程电子文件的组织和排序可按纸质文件进行。

(2)卷内文件排列。

1)卷内文件应按《建设工程文件归档规范》(GB/T 50328—2014)中列出的类别和顺序排列。

2)文字材料按事项、专业顺序排列。同一事项的请示与批复、同一文件的印本与定稿、主体与附件不能分开，并应按批复在前、请示在后，印本在前、定稿在后，主体在前、附件在后的顺序排列。

3)图纸应按专业排列，同专业图纸按图号顺序排列。

4)当案卷内既有文字材料又有图纸时，文字材料应排在前面，图纸应排在后面。

（3）案卷编目。

1）编制卷内文件页号应符合下列规定：

①卷内文件均应按有书写内容的页面编号。每卷单独编号，页面从"1"开始。

②页号编写位置：单面书写的文件在右下角；双面书写的文件，正面在右下角，背面在左下角。折叠后的图纸一律在右下角。

③成套图纸或印刷成册的文件材料，自成一卷的，原目录可代替卷内目录，不必重新编写页码。

④案卷封面、卷内目录、卷内备考表不编写页号。

2）卷内目录的编制应符合下列规定：

①卷内目录排列在卷内文件首页之前，式样宜符合《建设工程文件归档规范》（GB/T 50328—2014）中的相关要求。

②序号应以一份文件为单位编写，用阿拉伯数字从1依次标注。

③责任者应填写文件的直接形成单位或个人。有多个责任者时，应选择两个主要责任者，其余用"等"代替。

④文件编号应填写文件形成单位的发文号或图纸的图号，或设备、项目代号。

⑤文件题名应填写文件标题的全称。当文件无标题时，应根据内容拟写标题，拟写标题外应加"[ ]"符号。

⑥日期应填写文件的形式日期或文件的起止日期，竣工图应填写编制日期。日期中"年"应用四位数字表示，"月"和"日"应分别用两位数字表示。

⑦页次应填写文件在卷内所排的起始页号，最后一份文件应填写起止页号。

⑧备注应填写需要说明的问题。

3）卷内备考表的编制应符合下列规定：

①卷内备考表应排列在卷内文件的尾页之后，式样宜符合《建设工程文件归档规范》（GB/T 50328—2014）中的相关要求；

②卷内备考表应标明卷内文件的总页数、各类文件页数或照片张数及立卷单位对案卷情况的说明；

③立卷单位的立卷人和审核人应在卷内备考表上签名；年、月、日应按立卷、审核时间填写。

4）案卷封面的编制应符合下列规定：

①案卷封面应印刷在卷盒、卷夹的正表面，也可采用内封面形式。案卷封面的式样宜符合《建设工程文件归档规范》（GB/T 50328—2014）中的相关要求。

②案卷封面的内容应包括档号、案卷题名、编制单位、起止日期、密级、保管期限、本案卷所属工程的案卷总量、本案卷在该工程案卷总量中的排序。

③档号应由分类号、项目号和案卷号组成。档号由档案保管单位填写。

④案卷题名应简明、准确地揭示卷内文件的内容。

⑤编制单位应填写案卷内文件的形成单位或主要责任者。

⑥起止日期应填写案卷内全部文件形成的起止日期。

⑦保管期限应根据卷内文件的保存价值在永久保管、长期保管、短期保管三种保管期限中选择划定。当同一案卷内有不同保管期限的文件时，该案卷保管期限应从长。

⑧密级应在绝密、机密、秘密三个级别中选择划定。当同一案卷内有不同密级的文件时，应以高密级为本卷密级。

5)编写案卷题名，应符合下列规定：

①建筑工程案卷题名应包括工程名称(含单位工程名称)、分部工程或专业名称及卷内文件概要等内容；当房屋建筑有地名管理机构批准的名称或正式名称时，应以正式名称为工程名称，建设单位名称可省略；必要时可增加工程地址内容；

②道路、桥梁工程案卷题名应包括工程名称(含单位工程名称)、分部工程或专业名称及卷内文件概要等内容；必要时可增加工程地址内容；

③地下管线工程案卷题名应包括工程名称(含单位工程名称)、专业管线名称和卷内文件概要等内容；必要时可增加工程地址内容；

④卷内文件概要应符合《建设工程文件归档规范》(GB/T 50328—2014)中对案卷内容(标题)的相关要求；

⑤外文资料的题名及主要内容应译成中文。

6)案卷脊背应由档号、案卷题名构成，由档案保管单位填写；式样宜符合《建设工程文件归档规范》(GB/T 50328—2014)的规定。

7)卷内目录、卷内备考表、案卷内封面应采用 70 g 以上白色书写纸制作，幅面应统一采用 A4 幅面。

(4)案卷装订与装具。

1)案卷可采用装订与不装订两种形式。文字材料必须装订。装订时不应破坏文件的内容，并应保持整齐、牢固，便于保管和利用。

2)案卷装具可采用卷盒、卷夹两种形式，并应符合下列规定：

①卷盒的外表尺寸应为 310 mm×220 mm，厚度可为 20 mm、30 mm、40 mm、50 mm。

②卷夹的外表尺寸应为 310 mm×220 mm，厚度宜为 20~30 mm。

③卷盒、卷夹应采用无酸纸制作。

(5)案卷目录编制。

1)案卷应按《建设工程文件归档规范》(GB/T 50328—2014)中所列的类别和顺序排列；

2)案卷目录式样宜符合《建设工程文件归档规范》(GB/T 50328—2014)中的相关要求；

3)案卷目录中的编制单位应填写负责立卷的法人组织或主要责任者；

4)案卷目录中的编制日期应填写完成立卷工作的日期。

4. 工程档案文件的归档

(1)归档文件必须经过分类整理，符合相关规范规定。

(2)根据建设程序和工程特点，归档可分阶段分期进行，也可在单位或分部工程通过竣工验收后进行。

(3)勘察、设计单位应在任务完成后，施工、监理单位应在工程竣工验收前，将各自形成的有关工程档案向建设单位归档。

（4）工程档案的编制不得少于两套，一套应由建设单位保管，一套（原件）应移交当地城建档案管理机构保存。

任务小结

本任务为建筑工程资料管理的实务管理，包括建筑工程资料管理的形成过程和要求等相关知识。

复习思考题

1. 工程准备阶段文件主要包括哪几类，该阶段文件归档以哪个单位为主？
2. 施工文件主要包括哪几类，该阶段文件归档以哪个单位为主？
3. 工程竣工验收文件主要包括哪几类？试举几个例子。
4. 施工资料编号由哪几部分组成？分别简述每部分填写的根据。
5. 简述工程文件资料立卷时，卷内文件的排列规则。

实训练习题

背景资料：某住宅小区竣工图绘制时发生如下事件：(1)建设单位自行绘制竣工图；(2)竣工图逐张加盖竣工图章并由各方负责人签署姓名；(3)在竣工图折叠时，严禁对竣工图进行任何裁剪。

请根据背景资料完成相应小题选项，其中判断题二选一（A、B 选项），单选题四选一（A、B、C、D 选项），多选题四选二或三（A、B、C、D 选项）。不选、多选、少选、错选均不得分。

(1)(单选题)竣工图折叠要求错误的是(　　　)。
A. 图纸折叠前应按裁图线裁剪整齐
B. 图面应折向外，成手风琴风箱式
C. 图纸及竣工图标应露在外面
D. 0～3 号图纸应在装订线边 297 mm 处折一三角或剪一缺口，折进装订线

参考答案

(2)(判断题)事件一做法是否正确？(　　　)
A. 正确　　　　　　　　　　　　B. 不正确
(3)(判断题)事件二做法是否正确？(　　　)
A. 正确　　　　　　　　　　　　B. 不正确
(4)(单选题)行业主管部门规定由(　　　)编制竣工图的，可在新图中采用竣工图标，并按要求签署竣工图标。
A. 建设单位　　　B. 设计单位　　　C. 监理单位　　　D. 施工单位
(5)(单选题)竣工图章应使用(　　　)印泥，盖在标题栏附近空白处。
A. 蓝色　　　　　B. 印有特殊字样的　C. 黑色　　　　　D. 红色

(6) (单选题)竣工图章的尺寸为(　　)。

    A. 40 mm×50 mm   B. 50 mm×60 mm

    C. 50 mm×80 mm   D. 50 mm×75 mm

(7) (单选题)竣工图折叠后以(　　)号图纸基本尺寸为标准。

    A. 2   B. 3   C. 4   D. 5

(8) (多选题)竣工图的编制要求包括(　　)。

    A. 凡按施工图施工没有变动的,由竣工图编制单位在施工图图签附近空白处加盖并签署竣工图章

    B. 凡一般性图纸变更,编制单位可根据设计变更依据,在施工图上直接改绘,并加盖及签署竣工图章

    C. 用于改绘竣工图的图纸必须是新蓝图或绘图仪绘制的白图,可以使用复印的图纸

    D. 编制竣工图必须编制各专业竣工图的图纸和目录,绘制的竣工图必须准确、清楚、完整、规范,修改必须到位,真实反映项目竣工验收时的实际情况

(9) (多选题)竣工图标志应有明显的"竣工图"字样章(签),它是竣工图的依据,要按规定填写图章(签)上的内容,包括(　　)等基本内容。

    A. 绘制单位名称   B. 审核人   C. 编制人   D. 规格

(10) (多选题)在施工蓝图上一般采用杠(划)改、叉改法,局部修改可以圈出更改部位,在原图空白处绘出更改内容,所有变更处都必须引出索引线并注明更改依据,在施工图上改绘,不得使用(　　)等方法修改图纸。

    A. 橡皮擦   B. 涂改液涂抹   C. 刀刮   D. 补贴

参 考 文 献

[1] 张国联，王凤池．土木工程施工[M]．北京：中国建筑工业出版社，2004.

[2] 江见鲸．建筑工程管理与实务[M]．2版．北京：中国建筑工业出版社，2010.

[3] 丛培经．工程项目管理[M]．4版．北京：中国建筑工业出版社，2012.

[4] 聂迎春．浅谈施工组织设计在工程施工中的重要作用[J]．科技创新指导，2010 (8)：95.

[5] 林瑞．优化施工组织设计合理确定工程造价[J]．水利水电工程造价，2007(3)：25.

[6] 宋玮．施工组织设计与工程造价[J]．水利水电工程造价，2007(2)：40-41.

[7] 吴永昌．简述安全、质量、进度、投资之间的关系[J]．经济师，2010(6)：233-234.

[8] 陈兵．浅谈建筑施工组织设计[J]．企业研究，2011(20)：183.

[9] 齐新红．浅谈施工组织设计编制及其重要性[J]．建工论坛，2010(23)：183.

[10] 毛小玲，江萍．建筑施工组织[M]．3版．武汉：武汉理工大学出版社，2015.

[11] 危道军．建筑施工组织[M]．2版．北京：中国建筑工业出版社，2008.